台風委員会が決めた台風のアジア名一覧

	提案元	呼び名	意味		提案元	呼び名	意味
1	カンボジア	Damrey（ダムレイ）	ゾウ（動物）	36	マレーシア	Sepat（セーパット）	淡水魚の名前
2	中国 *	Haikui（ハイクイ）	イソギンチャク	37	ミクロネシア	Mun（ムーン）	6月
3	北朝鮮 **	Kirogi（キロギー）	ガン（鳥）	38	フィリピン	Danas（ダナス）	経験すること
4	香港	Yun-yeung（インニョン）	カモの一種（オシドリ）。香港にある飲み物。	39	韓国	Nari（ナーリー）	ユリ（植物）
5	日本	Koinu（コイヌ）	こいぬ座、小犬	40	タイ	Wipha（ウィパー）	女性の名前
6	ラオス	Bolaven（ボラヴェン）	高原の名前	41	米国	Francisco（フランシスコ）	男性の名前
7	マカオ	Sanba（サンバ）	マカオの名所	42	ベトナム	Lekima（レキマー）	果物の名前
8	マレーシア	Jelawat（ジェラワット）	淡水魚の名前	43	カンボジア	Krosa（クローサ）	ツル（鳥）
9	ミクロネシア	Ewiniar（イーウィニャ）	嵐の神	44	中国	Bailu（バイルー）	白いシカ（動物）
10	フィリピン	Maliksi（マリクシ）	速い	45	北朝鮮	Podul（ポードル）	ヤナギ（植物）
11	韓国	Gaemi（ケーミー）	アリ（昆虫）	46	香港	Lingling（レンレン）	少女の名前
12	タイ	Prapiroon（プラピルーン）	雨の神	47	日本	Kajiki（カジキ）	かじき座、旗魚
13	米国	Maria（マリア）	女性の名前	48	ラオス	Faxai（ファクサイ）	女性の名前
14	ベトナム	Son-Tinh（ソンティン）	ベトナム神話の山の神	49	マカオ	Peipah（ペイパー）	魚の名前
15	カンボジア	Ampil（アンピル）	タマリンド	50	マレーシア	Tapah（ターファー）	ナマズ（魚）
16	中国	Wukong（ウーコン）	（孫）悟空	51	ミクロネシア	Mitag（ミートク）	女性の名前
17	北朝鮮	Jongdari（ジョンダリ）	ヒバリ（鳥）	52	フィリピン	Hagibis（ハギビス）	すばやい
18	香港	Shanshan（サンサン）	少女の名前	53	韓国	Neoguri（ノグリー）	タヌキ（動物）
19	日本	Yagi（ヤギ）	やぎ座、山羊	54	タイ	Bualoi（ブアローイ）	お菓子の名前
20	ラオス	Leepi（リーピ）	ラオス南部の滝の名前	55	米国	Matmo（マットゥモ）	大雨
21	マカオ	Bebinca（バビンカ）	プリン	56	ベトナム	Halong（ハーロン）	湾の名前
22	マレーシア	Rumbia（ルンビア）	サゴヤシ	57	カンボジア	Nakri（ナクリー）	花の名前
23	ミクロネシア	Soulik（ソーリック）	伝統的な部族長の称号	58	中国	Fengshen（フンシェン）	風神
24	フィリピン	Cimaron（シマロン）	野生のウシ	59	北朝鮮	Kalmaegi（カルマエギ）	カモメ（鳥）
25	韓国	Jebi（チェービー）	ツバメ（鳥）	60	香港	Fung-wong（フォンウォン）	山の名前（フェニックス）
26	タイ	Mangkhut（マンクット）	マンゴスチン（果物）	61	日本	Kammuri（カンムリ）	かんむり座、冠
27	米国	Barijat（バリジャット）	風や波の影響を受けた沿岸地域	62	ラオス	Phanfone（ファンフォン）	動物
28	ベトナム	Trami（チャーミー）	花の名前	63	マカオ	Vongfong（ヴォンフォン）	スズメバチ（昆虫）
29	カンボジア	Kong-rey（コンレイ）	伝説の少女の名前	64	マレーシア	Nuri（ヌーリ）	オウム（鳥）
30	中国	Yutu（イートゥー）	民話のウサギ	65	ミクロネシア	Sinlaku（シンラコウ）	伝説上の女神
31	北朝鮮	Toraji（トラジー）	桔梗	66	フィリピン	Hagupit（ハグピート）	むち打つこと
32	香港	Man-yi（マンニィ）	海峡（現在は貯水池）の名前	67	韓国	Jangmi（チャンミー）	バラ（植物）
33	日本	Usagi（ウサギ）	うさぎ座、兎	68	タイ	Mekkhala（メーカラー）	雷の天使
34	ラオス	Pabuk（パブーク）	淡水魚の名前	69	米国	Higos（ヒーゴス）	イチ…
35	マカオ	Wutip（ウーティップ）	チョウ（昆虫）	70	ベトナム	Bavi（バービー）	ベ…

※台風委員会加盟国のシンガポールは提案せず、代わりにミクロネシアが提案している。

＊ 中華人民共和国　＊＊ 朝鮮民主主義人民共和国

楽しい 調べ 学習シリーズ

台風の大研究

最強の大気現象のひみつをさぐろう

筆保弘徳［編著］

PHP

はじめに

台風の謎解きにようこそ

たちこめる黒い雲、ゴウゴウと鳴りひびく風、ときおりたたきつける乱暴な雨。みなさんの街に台風が近づいてくると、窓の外ではいつもとはまったくちがった世界が広がります。これから何がおこるのだろうと、不安になるのではないでしょうか。

令和元年、台風第15号と台風第19号が関東地方をおそい、多くの街で悲惨な被害が発生しました。その1年前に近畿地方をおそった台風第21号でも、たくさんの建物が破壊されました。これまでにも、沖縄から北海道まで、台風は毎年やってきて、日本各地に大きな爪あとをのこしています。日本という島国にすむだれもが、いつ台風の被災者になってもふしぎではないのです。

では、なぜ、台風は日本にやってくるのか、暴風や大雨をもたらすのか、みなさんは考えたことはありますか？　もしも台風が日本にまったくやってこなければ、どんなことがおこるか想像できますか？

その答えはこの本にあります。台風は、はるか南の海で誕生します。最初は、海の上で水蒸気という栄養をたくわえて、熱帯低気圧とよばれる台風のたまごに成長します。しかし、そのたまごすべてが台風になれるわけではありません。また、台風になれたとしても、まわりの風にうまくのることができなければ、日本をおそうこともありません。台風をもっと調べると、実はほかの自然現象にはない、とても特別なしくみをもっていることがわかりました。台風は、エネルギーをどんどんつくり出す、まさに発電所

この本で、ぼくのことがよくわかるよ！

台風の台ちゃん

台風博士
（筆保先生）

だったのです。なんだか、台風のふしぎをもっと知りたいと思ってきませんか？

台風にはたくさんのひみつがあります。この本では、台風の一生やしくみ、日本に襲来する原因や台風のめぐみなどを、カラーのグラフやイラストでわかりやすく解説しています。また、みなさんにもっと楽しんでもらえるように、しかけをほどこしています。

台風博士や台風の台ちゃんが、ところどころで、台風のさらなる謎やヒントとなることを話しています。台風クイズもあります。それらの答えは、テストの答え合わせをするようには書いていません。なぜなら、みなさんで調べて、自分で答えを見つけてほしいからです。54ページには、台風のことを調べられる大学や研究所のウェブサイトも紹介しています。

本の解説の中には、今まで聞いたことのない言葉も出てくるので、難しく感じることもあるかもしれません。そんなときは、どんどん読み飛ばしてください。物語や推理小説ではないので、途中のページから読んでも、わからなくなるようなことはありません。

台風は、人の命やおうちをおびやかす危険な存在であると同時に、とても興味深い謎の現象でもあるのです。もしもみなさんが、この本を読んで、「将来、台風博士になりたい！」という夢をもってくれれば、とてもうれしいです。

2020年8月
横浜国立大学 教授 筆保弘徳

台風の大研究 もくじ

第2章 台風はどうやってできる？

第3章 台風から命を守れ！

台風は地球上最強の渦巻き現象⁉

台風は、地球上にできる巨大な雲と風の渦巻き現象です。ほかの自然現象と比べても、とてつもなく大きなエネルギーをもっています。

世界の消費エネルギーの1か月分！

　毎年、夏から秋にかけてやってくる台風は、ときには日本列島をすっぽりおおうような超巨大な自然現象です。その中では、海から蒸発した水蒸気を200億〜400億トン吸い上げています。ここから雨を200億トン降らせたとすると、そのエネルギーは約4500京（1京は1兆の1万倍）ジュール[*1]になります。これは世界の消費エネルギーの約1か月分で、日本で使われる年間の消費エネルギー（約1300京ジュール）の3倍以上です[*2]。

*1 エネルギーの単位のひとつ。1gの水蒸気が水になると約2260ジュール（約540カロリー）の熱を放出する。
*2『エネルギー白書2020』より

台風1個のエネルギーは、世界全体で消費するエネルギーの約1か月分、日本で消費されるエネルギーの3年分以上。

©NOAA

1979年に発生した台風第20号は観測史上最も低い中心気圧870hPa（→10ページ）を記録。日本列島を縦断し、大きな被害をもたらした。

台風クイズ

なぜ、台風はこんなにエネルギーをもっているのかな？

ヒントは29ページだよ。

自然現象のエネルギー

ほかの自然現象は、どれくらいのエネルギーをもっているのでしょうか。2011年3月11日におこった東北地方太平洋沖地震で観測されたマグニチュード9.0は、エネルギーにすると約200京ジュール、1991年に20世紀最大規模の大噴火をおこしたフィリピンのピナトゥボ山の噴火で発生した熱エネルギーは約1000京ジュールです。台風は、それらの巨大な自然現象をはるかに上回るエネルギーをもっています。

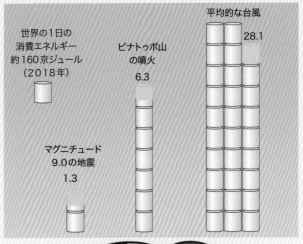

世界の1日の消費エネルギー 約160京ジュール（2018年）

ピナトゥボ山の噴火 6.3

平均的な台風 28.1

マグニチュード9.0の地震 1.3

東北地方太平洋沖地震が放出したエネルギーは約200京ジュール（世界の消費エネルギーの1.3日分）。

フィリピンのピナトゥボ山の噴火のエネルギーは約1000京ジュール（世界の消費エネルギーの6.3日分）。

令和元(2019)年台風第19号[*3]の大雨で、氾濫した那珂川（茨城県水戸市）。

提供：国土交通省関東地方整備局常陸河川国道事務所

平成30(2018)年台風第21号の強風で飛ばされた屋根（大阪府大阪市）。

*3「令和元年東日本台風」という名称がつけられた（→35ページ）。
*4「令和元年房総半島台風」という名称がつけられた（→35ページ）。

大雨と暴風が引きおこすこと

台風は、まわりから空気とともに、たくさんの水蒸気を吸い上げます。水蒸気は上空で雲となって、やがて大量の雨をふらせます。また、水蒸気が雲になるときに放出される熱でまわりの空気が暖められて上昇し、中心の気圧を下げます。台風のまわりでは強い風がふきあれます。
台風は大量の雨や強い風によって、人のくらしにさまざまな影響をおよぼすのです。

令和元（2019）年台風第15号[*4]の強風でたおれた鉄塔と送電線（千葉県君津市）

この本の使い方

　この本では、台風について3章に分けて解説しています。第1章「台風について知ろう!」では、台風はどんな自然現象なのか、第2章「台風はどうやってできる?」では、どうやって台風が発生して発達し消えていくのか、未来の台風がどうなるのか、といったことを説明します。第3章の「台風から命を守れ!」では、台風によっておこる災害と、それらからどうやって身を守るのかを紹介しています。また、台風研究の最前線をのぞくことができます。

1見開き1テーマ

1見開き（2ページ）でひとつのテーマを解説しています。

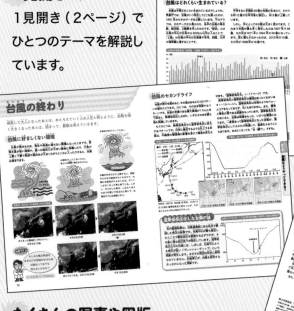

コラム

テーマに関わる発展的な情報を紹介しています。

台風博士のクイズ

筆保先生が台風博士となって、この本を読みながら考えてほしいことをクイズにしています。答えに関係するページで、問いに答えています。

たくさんの写真や図版

写真やイラスト、図解のほか、さまざまなデータをもとにしたグラフをのせています。

章末コラム

その章に関わる発展的な情報を紹介しています。

調べ学習に役立つページ

自分で台風を調べるときに役立つウェブサイトを紹介しています。

第1章

台風について知ろう！

台風ってなんだろう？

台風は、南の暖かい海で発生する熱帯低気圧です。日本には夏から秋ごろにやってきて、強い風や大雨をもたらします。

温帯低気圧と熱帯低気圧

空気には重さがあり、上空にある空気の重さから生まれる力が「気圧」です。地表付近では、空気の重さが1cm²あたり約1kgかかっています。天気予報でよく聞く「ヘクトパスカル（hPa）」は、気圧を表す単位で、海面上の平均的な気圧は1013hPaです。低気圧は、ほかのところより気圧が低いところで、何hPa以下という基準があるわけではありません。低気圧のあるところでは、雲がたくさん発生して、天気が悪くなります。

熱帯の暖かい海の上でできる低気圧を「熱帯低気圧」といいます。その中でも、北西太平洋または南シナ海にあって、最大風速（10分間平均の最大値）が約17メートル毎秒（m/s）以上の強いものを「台風」とよびます。温帯で発生する温帯低気圧と比べると、右の表のようなちがいがあります。

なお同じ熱帯低気圧でも、発生した場所が大西洋と東経180度より東の場合は「ハリケーン」、インド洋や南太平洋の場合は「トロピカル・サイクロン」＊とよばれます。

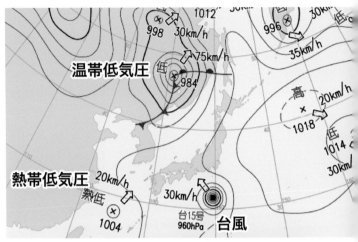

	温帯低気圧	熱帯低気圧
発生場所	温帯、中緯度、陸上や海上	亜熱帯や低緯度の海上
発生時期	年中、とくに春と秋	年中、とくに夏
発生原因	南の暖かい空気と北の冷たい空気がぶつかる	海からの熱と水蒸気
構造	前線（→33ページ）があり、丸くない、ウォームコア（→23ページ）がない	前線がなく丸い、ウォームコアがある
強さ	弱いものから強いものまでさまざま	強い

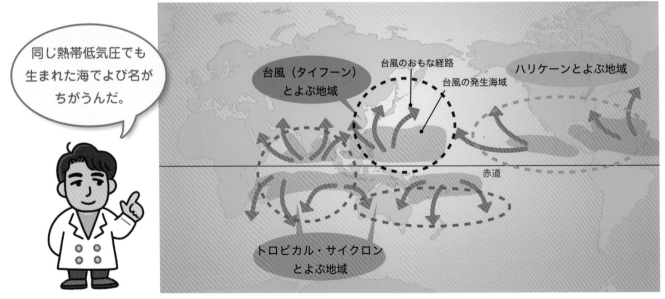

同じ熱帯低気圧でも生まれた海でよび名がちがうんだ。

＊「トロピカル・サイクロン」は略称の「サイクロン」でよばれることが多い。

台風の強さ

台風の強さは、中心気圧ではなく、風の強さでランクをつけます。風の強さは、「風速」で表します。風速は、空気が移動する速さをメートル毎秒（m/s）で示します。気象庁では、この風速の最大値（最大風速）をもとに台風を「強い」「非常に強い」「猛烈な」の3つに分類しています。

台風の強さの階級分け

階級	最大風速
強い	33m/s以上〜44m/s未満
非常に強い	44m/s以上〜54m/s未満
猛烈な	54m/s以上

※最大風速が33m/s未満の場合は強さを表現しない。

台風の大きさ

気象庁では、台風を大きさでも分類しています。強風域（風速15m/s以上の風がふいているか、ふく可能性のある範囲）の半径が500km以上800km未満であれば「大型」、半径が800km以上であれば「超大型」とされます。超大型台風は、日本列島をすっぽりおおうほどの大きさです。

台風の大きさの階級分け

階級	風速 15m/s 以上の半径
大型（大きい）	500km以上〜800km未満
超大型（非常に大きい）	800km以上

※強風域の半径が500km未満の場合は大きさを表現しない。

東京を中心とした大きさ

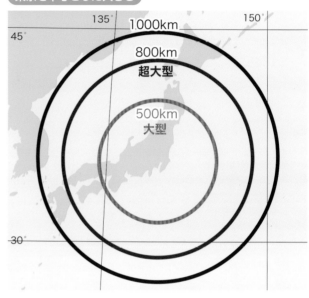

台風は個性がいっぱい

台風は強さと大きさがさまざまで、「強くて大きい」「小さくても非常に強い」「猛烈で大きい」など個性がいっぱいです。

\ 強くて大きい /

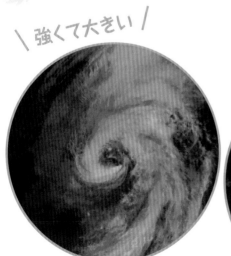

令和元（2019）年台風第17号
（9月21日）
最大風速 35m/s（強い）
最大強風域半径 700km（大型）

\ 小さくても非常に強い /

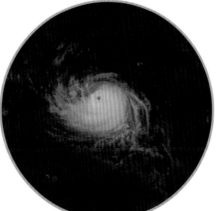

令和元（2019）年台風第15号
（9月8日）
最大風速 45m/s（非常に強い）
最大強風域半径 330km

\ 猛烈で大きい /

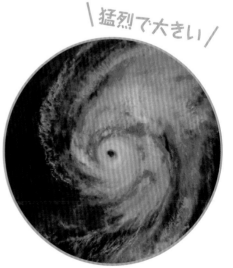

令和元（2019）年台風第19号
（10月10日）
最大風速 55m/s（猛烈な）
最大強風域半径 750km（大型）

※衛星画像は、各台風の最盛期のもので、縮尺は同じ。

台風はいつ生まれて、どこを通る？

台風は、1年間に約26個発生しています。そのうち約12個が日本に近づき、約3個が日本に上陸します。しかし、年によって大きく変わります。

台風はどれくらい生まれている？

台風は年間どれくらい生まれているのでしょうか。気象庁では、台風がいつ発生してどこを通ったのか、1951年からそのデータを公開しています。下のグラフは、そのデータから得られた、各年の台風の発生数、接近数、上陸数を示したものです。「接近」とは台風の中心が日本から300km以内に入ることで、「上陸」は台風の中心が北海道や本州、四国、九州の海岸線に達することです。

平均すると年間約26個の台風が生まれて、そのうち約12個が日本列島に接近し、約3個が上陸しています。

しかし、年によってその数は大きく変わります。これまで台風が最も多く発生したのは1967年で39個、その次は1971年と1994年の36個になっています。逆に最も少なかったのは、2010年の14個、その次が1998年の16個です。

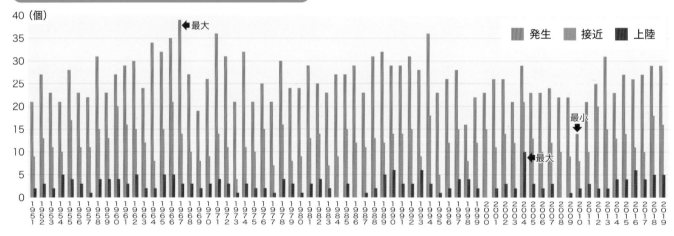

台風の年別発生数・接近数・上陸数（1951～2019年）

台風は年中生まれている!?

右のグラフは台風の発生数、接近数、上陸数の月別平均数を示したものです。これを見ると、7～9月に多く発生して、そのうちのいくつかが日本に接近、上陸していることがわかります。しかし、数は少ないものの、1～4月にも発生していることがわかります。台風は年中発生しているのです。

台風の月別平均発生数・接近数・上陸数（1951～2019年）

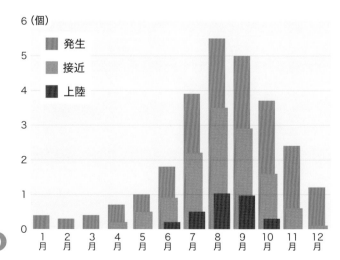

台風の通り道

暖かい南の海で発生する台風は、西に進んでフィリピンやベトナムに上陸したり、北に進んで日本に接近したりします。台風の発生位置やその後の動きは季節によって変わってきます。

春の台風は緯度の低い赤道あたりで発生します。この時期の台風は西に進むことが多く、フィリピンやベトナムに向かいます。

夏になると、高緯度で台風が発生するようになります。そして、北にも向かいます。

秋になると、北上する台風は日本列島のある中緯度までやってくると、東のほうへ向きを変えます（→30ページ）。

このような特徴をもっているので、台風の発生数が多いのは8月でも、日本への上陸数は9月も8月と同じくらいになります。

春・夏・秋の台風の経路(2010年〜2019年)

春 4〜6月

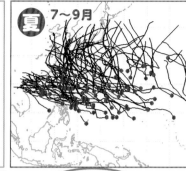
夏 7〜9月

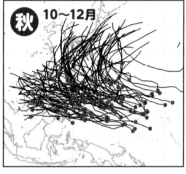
秋 10〜12月

赤い丸が発生地点、黒い線が移動経路を示す。

いろいろなウェブサイト（→54ページ）で、過去の台風の経路を調べてみよう。

台風なんでもランキング①

長生きした台風は？

これまでの記録の中で、2番目に長生きした平成29（2017）年台風第5号について、その経路図を示します。●印は毎日9時、×印は21時を示しています。色は台風のステージ（→16ページ）を表していて、緑は台風の発生期、赤は発達期、紫は最盛期、オレンジが衰弱期、青は消滅期です。平成29（2017）年台風第5号は、19日間も海の上をくねくねと曲がりながら進んでいることがわかります。

平成29（2017）年台風第5号の経路図

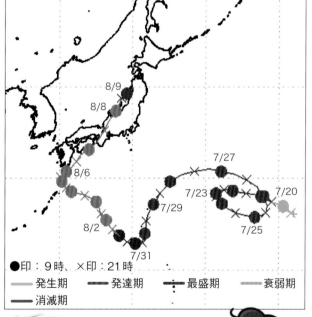

●印：9時、×印：21時
── 発生期 ─·─ 発達期 ─··─ 最盛期 ── 衰弱期
── 消滅期

長生きの台風

1位	昭和61（1986）年台風第14号 19.25日（8月18日15時〜9月6日21時）*
2位	昭和47（1972）年台風第7号 19.0日（7月7日21時〜7月26日21時）
2位	平成29（2017）年台風第5号 19.0日（7月20日21時〜8月8日21時）

台風クイズ

なぜこんなにくねくねしたんだろう？

ヒントは31ページだよ。

* 熱帯低気圧に変わった1.5日がふくまれる。

台風の名前はどう決まる？

ひとつひとつの台風には名前がついています。番号の名前もありますし、アジア各国がつけた、日本語や中国語などそれぞれの国の言葉の名前もあります。

発生順に番号をつける

気象庁では、毎年1月1日から、最も早く発生した台風を第1号、次に発生したものを第2号、その次を第3号というように、発生した順に番号をつけています。

また、ひとつの熱帯低気圧が海域をこえることもあります。たとえば2015年、アメリカが監視する北東太平洋で発生したハリケーン「ハロラ」は、そのまま気象庁が担当する北西太平洋に入り、台風第12号になりました。

令和2年の台風第1号は5月12日に、第2号は6月12日に発生している。

台風のアジア名

昔、アメリカでは、ハリケーンに女性の名前をつけていました。今では、日本をふくむ14の国や地域が加盟する台風委員会（日本、韓国、北朝鮮、中国、香港、マカオ、フィリピン、マレーシア、シンガポール、ベトナム、ラオス、カンボジア、タイ、アメリカ）も、人びとの防災意識を高めることなどを目的に、共通のアジア名をつけることにしました。あらかじめ140個の名前と順番を決め、2000年から発生順にその名前をつけています。日本は、星座の名前から10個を提案しています（本書の見返し参照）。

台風のアジア名は140をこえると、くり返し使われますが、大きな被害をもたらした台風は、名前をそのあと使えないように変更することがあります。平成27（2015）年台風第24号（アジア名「コップ」）は、強い勢力でフィリピンに上陸し、死者・行方不明者52人、住宅被害約14万棟、被災者約312万人という大きな被害をもたらしました。そのため、「コップ」という名は永久欠番として引退し、代わって「コグマ」という名前がつけられました。

日本は、「コイヌ」「ヤギ」「ウサギ」「カジキ」「カンムリ」「クジラ」「コグマ」「コンパス」「トカゲ」「ヤマネコ」という星座名に由来する名前10個を提案している。

昔は「野分」とよんでいた？

台風という自然現象は、恐竜がくらしていた数千万年以上前から、地球上で発生していたと考えられています。

有史以来の日本の記録では、今から約1300年前の奈良時代につくられた『日本書紀』に、台風と思われる強い風のことが「暴風」と書かれています。また、約1000年前の平安時代に書かれた、清少納言の『枕草子』や紫式部の『源氏物語』、約700年前の鎌倉時代に書かれた吉田兼好の『徒然草』などには、台風と思われる強い風をさす言葉が「野分」として登場します。

ぼくは恐竜よりも強いぞ！

「タイフーン」が「颱風」に

今、わたしたちが使っている「台風」という言葉が日本で使われるようになったのは、約110年前の明治時代からです。文明開化によって、西洋から気象学が伝わったときに、英語の「typhoon」に「颱風」という漢字を当てるようになりました。その後、「颱」の字を「台」と書きかえるようになり、現在の「台風」と書くようになったのです。

なお、英語の「typhoon」については、中国の「大風（tai fung）」から来ているという説や、ギリシャ神話に出てくる暴風を出す怪物「typhon」から来ているという説などがあります。

明治時代に、当時の中央気象台長（現在の気象庁長官）の岡田武松が「颱風」という字を使いはじめた。

テュフォンは、頭が天空の星にふれ、両手を広げると東西の果てに届くほど大きい怪物。上半身はヒトの姿で、足は巨大な毒ヘビ、目からは火を放ち、不気味なうなり声をあげるという。

台風の一生

台風の一生は、発生期、発達期、最盛期、衰弱期、消滅期の5つに分けられます。台風はまるで人間が送る人生と同じような一生をすごすのです。

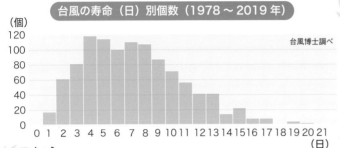

台風の寿命（日）別個数（1978～2019年）

台風博士調べ

台風の寿命

台風の寿命は、平均で5～7日です。しかし、表のように、10日以上の長いものから、1日程度の短いものまで、大きなばらつきがあります。台風の寿命も個性のひとつです。

一生をおいかけてみよう

令和元（2019）年台風第15号の一生をおいかけてみましょう。台風第15号は、気象庁が「台風発生」と報告したのは9月5日。でも、それよりも前の9月3日ごろから熱帯低気圧として注目されていました。台風になって9月8日ごろに最盛期をむかえました。台風第15号は、台風として5日、その前の熱帯低気圧やあとの温帯低気圧の状態をふくめると、10日という寿命でした。

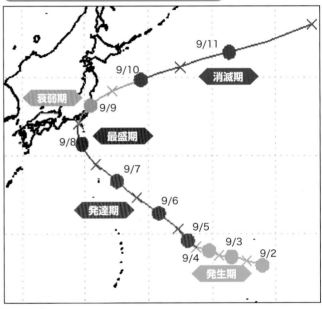

令和元（2019）年台風第15号の経路図

消滅期
9/11
9/10
衰弱期
9/9
最盛期
9/8
9/7
発達期
9/6
9/5
9/3
9/4
9/2
発生期

なぜ、台風はほかの自然現象と比べて長生きなんだろう？

台風クイズ

ヒントは29ページ。

＼ 台風のたまご!? ／

発生期

「発生期」は、海の上で大気中に渦や雲ができはじめて、低圧部や熱帯低気圧とよばれる状態から、気象庁が「台風が発生しました」と発表するまでの期間です。数日から10日以上かかります。海面水温が高い海からの水蒸気によって、積乱雲が次つぎにでき、それらがひとかたまりになって渦巻きになり、熱帯低気圧になります。いわば台風のたまごです。そして、最大風速が17m/sをこえると、台風の誕生です。

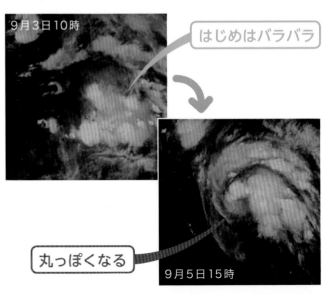

9月3日10時

はじめはバラバラ

丸っぽくなる

9月5日15時

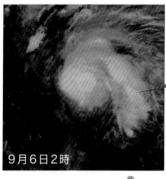

渦をまきだす

9月6日2時

中心が活発な雲域

9月7日5時

台風がりっぱに成長する!?

発達期

「発達期」は、台風発生の発表があってから、最大風速がじょじょに上がって勢力が最も強くなるまでの期間で、平均して3日くらいです。暖かい海面から水蒸気が次つぎに生まれて上昇し、中心気圧がさらに下がっていき、中心近くでふく風がどんどん強くなります。

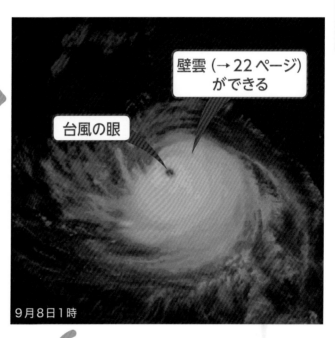

壁雲 (→22ページ) ができる

台風の眼

9月8日1時

学校でいえば校長先生？

最盛期

「最盛期」は、台風の強さが最も強い時期で、数時間から2日ほど続きます。中心気圧が最も下がり、最大風速が最も強い期間です。人工衛星で見ると、雲の中心部分に穴ができたように見えることがあります、これは「台風の眼」といって、雲ができない部分です。

年老いていく台風!?

衰弱期

「衰弱期」は、台風が弱くなっていく時期です。日本の近くなどに来ると、熱帯よりも水温が低く、海から蒸発する水蒸気が減ります。すると、台風はどんどん弱くなります。

9月9日15時

まとまった雲域がくずれる

9月10日1時

消えさる台風!?

消滅期

「消滅期」では、台風から熱帯低気圧に変わって、そのまま消滅します。台風の構造が変わって、温帯低気圧に変わることもあり、それを「温帯低気圧化」とよびます。温帯低気圧の風は、最大風速が台風より小さくても、ふく範囲が広がるので、中心からはなれても風による被害をもたらすことがあります。

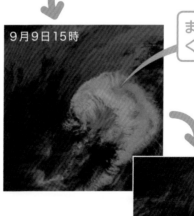

消えてなくなる

台風がもたらすめぐみ

台風は、大雨や暴風で大きな被害が出るので悪いイメージをもつ人が多いかもしれません。しかし、台風がやってくることで、日本にめぐみをもたらすこともあります。

1人あたりの水資源が少ない日本

わたしたちが生きていくうえで、水は欠かせません。その水資源について世界の事情を見ると、悩んでいる国も多くあります。水資源は、まず雨の量（降水量）が大きく影響します。日本の年平均降水量は1668mm*で、世界の陸上で降る雨の年平均降水量1065mmの約1.6倍となっています。ところが、人口1人あたりの年降水総量で見ると、世界では約2万m³/人・年ですが、日本は約5000m³/人・年で、さらに蒸発する量などを引いた水資源賦存量は約3400m³/人・年しかありません。これは、世界平均の水資源賦存量約7300m³/人・年の2分の1以下です。日本は水不足の国なのです。

* 1986〜2015年の平均値。

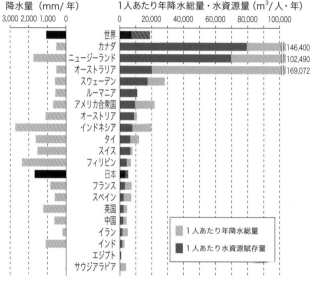

降水量（mm/年）　　　　1人あたり年降水総量・水資源量（m³/人・年）

世界	
カナダ	146,400
ニュージーランド	102,490
オーストラリア	169,072
スウェーデン	
ルーマニア	
アメリカ合衆国	
オーストリア	
インドネシア	
タイ	
スイス	
フィリピン	
日本	
フランス	
スペイン	
英国	
中国	
イラン	
インド	
エジプト	
サウジアラビア	

凡例：1人あたり年降水総量／1人あたり水資源賦存量

FAO（国連食糧農業機関）「AQUASTAT」の2019年6月時点の公表データをもとに国土交通省水資源部作成のものから

台風は空飛ぶ給水車!?

水不足の日本をささえているのが、梅雨どきに降る雨や、冬につもる雪、そして台風の大雨です。つまり台風の雨は、陸上の生物や植物にとって、夏の渇水を乗りきるためのめぐみの雨にもなります。

2005年、四国にある早明浦ダムは、記録的な空梅雨で貯水率が0％になり、住民の使える水も制限されていました。しかし、8月29日に発生した台風第

14号が、9月6日に九州地方の西岸にそって北上しました。このとき、4日の夜から四国地方で降りはじめた雨は、6日に一日中大雨となり、ダムの上流域では1時間降水量が30〜40mmをこえました。その結果、ダムは1日で約2億4800万m³の水をため、貯水率は0％から100％以上になりました。台風がめぐみの雨をもたらし、その地域の人たちの生活を救ったのです。

9月5日9時の早明浦ダム。貯水率0％。

9月7日9時の早明浦ダム。貯水率100％。

◆提供：独立行政法人水資源機構 池田総合管理所

海水をかき混ぜる

台風は海の生き物にも大きな影響をあたえます。台風の風は非常に強いので、海面に激しい波をおこして海水をかき混ぜます。深いところの海水温は低いので、このかくはんの効果によって、海の上層の水温が下がります。熱帯地方の海に生きるサンゴは、台風によるかき混ぜがないと夏の暑さのために死んでしまうともいわれているので、台風はサンゴにとって必要なのです。2020年7月は、まったく台風が発生しなかった影響で沖縄周辺の海面温度が30度と平年よりかなり高く、このままだとサンゴ礁の被害が出ると心配されています。

また、台風が通過すると、その海の表層付近でプランクトンが増えます。もともと海の深いところに存在するプランクトンですが、成長に必要な栄養塩が台風によるかき混ぜや吸い上げによって海面近くまで上昇するため、一時的に増殖するのです。プランクトンが増えると、それをえさとする魚も集まります。こうしたことから、台風が通過したあとは、豊漁になるといわれています。

台風通過前（2019年10月1日）

台風通過後（2019年10月12日）

気象衛星でとらえた植物プランクトンの量に対応する海面でのクロロフィル a の量。台風が通過したところで増加している様子がわかる。

台風は救国の英雄?!

1281年、九州北部の鎌倉幕府の武士は、元（モンゴル帝国）の軍と、壮絶な戦いをしていました。1274年の文永の役に続く、二度目の元の襲来（弘安の役）です。4万の元軍相手に鎌倉武士が必死に防戦していたところ、さらに10万の大軍勢が到着し、まさに日本に上陸しようとしていました。そのとき、とてつもない強い風がふいたそうです。その強風により、元軍は上陸できずに引き上げ、日本は侵略から守られました。この強風は、台風によるものと考えられています。まさに、台風が救国の英雄となったのです。

『蒙古襲来合戦絵巻』国立国会図書館デジタルコレクションより

昔の人も台風に苦しめられた!!

「台風」という言葉が使われるようになる前から、台風は日本に大きな被害をもたらしていました。近代になっても、1000人をこえる方が亡くなる被害が出ています。

多くの被害をもたらした台風

江戸時代の1856年9月、江戸を中心に現在の山梨県や静岡県など関東一帯を暴風雨がおそい、洪水や高潮を引きおこしました。「安政3年の大風災」です。これは、台風の襲来と考えられています。被害は江戸をはじめ関東の広い範囲におよび、一説によると約10万人の死者が出たといわれます。

1896（明治29）年9月には、秋雨前線と台風が重なり、琵琶湖付近から濃尾平野と関東平野にかけて記録的な大雨が降り、淀川、木曽川水系、利根川水系などの川があふれ、1200人以上が死亡、2500人近い負傷者が出ました。さらに1959（昭和34）年9月の伊勢湾台風は、愛知県と三重県を中

安政3年の大風水害−安政風聞集（写真4）：国立公文書館

心に死者・行方不明者5000人以上、負傷者4万人近くの被害をもたらしました（→38ページ）。このように20世紀半ばまで、台風が来ると1000人以上が亡くなるような災害がしばしばおこったのです。

所蔵：国立国会図書館

科学技術への希望と予言

1901（明治34）年1月2日と3日、今から100年以上前の正月の新聞に、「二十世紀の豫言（予言）」という科学技術の進歩を予測した記事がのりました。そこには、無線電話で海外の人と話せるようになる、7日間で世界一周ができるなど、23の項目が書かれています。その多くは現代の科学によって達成できていますが、その予言のひとつに、「暴風を防ぐ」というものがあります。気象観測技術が進歩して、台風などの天災が1か月以上前に予測できるようになり、さらに台風の発生が予測されると、空中に大砲をうって、台風を発生させないようにするというものです。100年前から台風はやっかいものだったということがわかります。そして、現在、100年前の予言のとおりにはならず、わたしたちはまだ台風に苦しめられています。

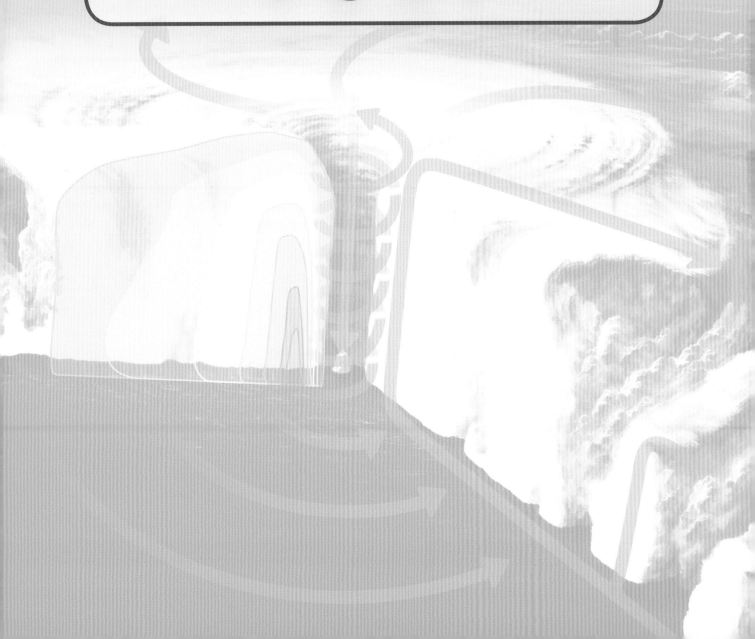

第 2 章

台風はどうやってできる？

台風の構造

台風は、強い渦巻きと雲のかたまりです。地表面近くでは、渦をまきながら中心に向かって空気がふきこみ、中心よりも少し外側で上昇します。その上昇が壁雲や台風の眼をつくります。

この上空の層状の雲が丸く広がっているので、衛星画像の台風は丸っぽく見えるんだ。

層状の雲

台風の雲の構造

台風の中心には、雲のない「台風の眼」、その外側には眼をとりまくように、積乱雲が集まった「壁雲」があります。上空では外向きの風により、層状の雲が広がっています。壁雲の外側には、少し背の低い雲がならんでいます。さらに外側には、帯状に広がる「レインバンド」（降雨帯）がしばしば形成されます。

© NASA/JAXA, Hal Pierce

2017年9月15日、台風第18号の降水量を観測したもの。眼の西側の赤や紫のところでは、1時間降水量が200mmをこえる強い雨になった。

台風が近づいてくると断続的に強い雨が降るのは、レインバンドのせいだよ。

いくつかのウェブサイト（→54ページ）では、台風の衛星画像を見ることができるよ。探してみよう！

台風の風の構造

台風をとりまく風は、2種類に分けられます。まずは渦巻き状の風です。台風の中心をぐるぐる回っています。風速が50m/sをこえる凶暴な風です。渦巻きの風の強さ（最大風速）の分布を見ると（図の中央部分）、壁雲のところで一番強く、さらに下層ほど強くなっています。台風の眼の中は風がとても弱いです。

もうひとつの風は、まわりから台風の中心にふきこむ風（インフロー）です。インフローの風速は10m/s以下と渦巻きの風と比べて弱いですが、地表面付近で発生し、海から蒸発した水蒸気を台風の中心に運ぶ、台風の発達にとって重要な風です。壁雲付近でインフローは弱まり、上空に向かう上昇気流となります。この上昇気流が台風の壁雲を形成します。上空まで行くと、今度は台風の外に向かう風（アウトフロー）になります。アウトフローにより層状の雲が外側へ広がっていきます。

眼の中心は、渦にかこまれて、まわりから風が入れないため、気圧が低くても、上空から空気がおりてくる。

時計回りの風

最大風速の分布

下降気流

アウトフロー

壁雲

上昇気流

最大風速
20m/s

最大風速
60m/s

上空よりも下層のほうが
強い風になっているのが
台風の特徴のひとつだよ。

インフロー

反時計回りの風

インフローは地表面の
摩擦が原因で発生しているんだ。
摩擦は風を弱める一方、
台風の発達に必要なんだ。

台風の核となるウォームコア

ウォームコアは、
台風にとって
心臓なんだ。

台風の中心では、多くの水蒸気をふくんだ空気が流れこみ、上昇気流によって上層に運ばれます。その水蒸気が凝結して（気体から液体になって）雲ができるときに、多くの熱（潜熱*といいます）が放出されます。台風の中心上部では、この熱によって周囲よりも10〜20℃ほど暖かい領域が形成されます。その暖かい領域を、ウォームコア（暖気核）とよびます。この暖気があるため、台風の中心下部は低い気圧を保っています。

ウォームコア

＊ 物質が状態変化（固体⇔液体⇔気体）するときに、温度変化を伴わずに吸収または放出される熱のこと。水蒸気が水になるときには、水が水蒸気になるときに吸収した熱と同じ量の熱を放出する。なお、温度変化を伴う熱は「顕熱」とよばれる。

23

台風が発生するしくみ

台風を生み出す環境場の条件がそろうと、雲がたくさん集まって渦がまきだします。そして、台風が発生します。

台風が発生する条件

台風のまわりの大気を環境場とよびます。台風はこの環境場の条件がそろうと発生します。

それは、①地球の自転の効果が強くはたらく北緯・南緯5度以上の緯度であること、②海面水温が約26℃以上という暖かい海であることです。また、雲が発生しやすいように、③大気が湿っていること、④不安定であることです。さらに、雲がくずれにくいよう、⑤大気の上層（高度6〜10km以上）と下層（高度2〜5km）の風の向きや強さの差が小さいことも重要です。そして、⑥台風よりももっと大きな風の流れが、雲を発生させやすいパターンであることです。

台風は世界中で発生していますが（→10ページ）、環境場の条件がそろわないと発生しないのです。

環境場の条件

① 地球の自転の効果が強くはたらく北緯・南緯5度以上の場所である

② 海面水温が約26℃以上である

③ 大気が湿っている

④ 大気が不安定な状態である

⑤ 大気の上層と下層の風の向きや強さの差が小さい

⑥ 大規模な風が雲を発生させやすいパターンである

台風が発生するまでのストーリー

台風が発生する環境場の条件は順番にそろえられていきます。条件②の海面水温は、季節に合わせてゆっくりと変化します。条件⑥の大規模な風のパターンは、台風ができる数日前に現れます。

③④⑤の条件が加わって、環境場の条件がそろうと、雲（積乱雲）がひんぱんに発生して、低圧部や熱帯低気圧とよばれるようになります。積乱雲は、最初の水平方向の大きさは数kmですが、だんだんと数百〜数千kmという台風と同じスケールの熱帯低気圧、台風のたまごになります。このスケールが大きくなることを「組織化」とよびます。

組織化はいつもうまくいくとは限りません。多くの台風のたまごは、台風になる直前にくずれてしまいます。環境場が変わって、条件がそろわなくなるからです。

海がどんなに暖かくても、赤道上では台風は発生しないんだ。10ページで確認してみよう。

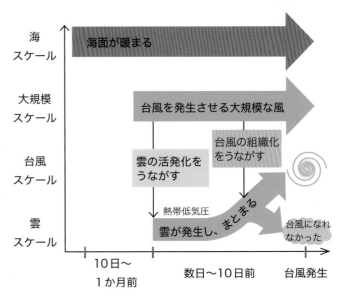

海スケール：海面が暖まる

大規模スケール：台風を発生させる大規模な風

台風スケール：雲の活発化をうながす／台風の組織化をうながす

雲スケール：熱帯低気圧／雲が発生し、まとまる／台風になれなかった

10日〜1か月前　　数日〜10日前　　台風発生

ウォームコアの形成

　環境場の条件がそろった暖かい海の上では、大量の水蒸気が発生します（図の①）。水蒸気が上昇して積乱雲ができると、熱（潜熱）が雲から放出されます。暖められた空気は、最初は風で流されてたまりませんが（②）、しだいに雲が連続的に発生することで、暖かい空気が持続的に発生し、それがウォームコアをつくります（③）。そして、持続的にウォームコアができれば、台風発生です（④）。

> 台風発生のしくみは、ウォームコアができるストーリーなんだ。

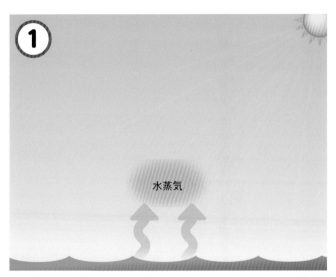

南の海では、海面が太陽の強い光で暖められ、大量の水蒸気が発生して、大気が湿っている。

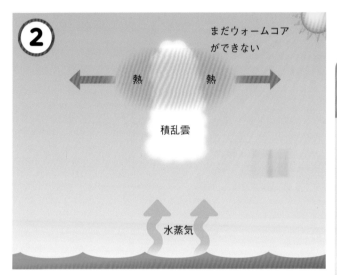

水蒸気が上空に行くと、積乱雲ができる。そのとき熱（潜熱）を出してまわりの空気を暖める。しかし暖められた空気はすぐに流される。

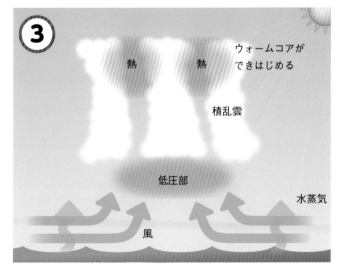

積乱雲が次つぎと発生すると、熱が連続的に放出されて、だんだんとウォームコアが形成されはじめる。低圧部ができて熱帯低気圧になり、強い風が水蒸気を集める。

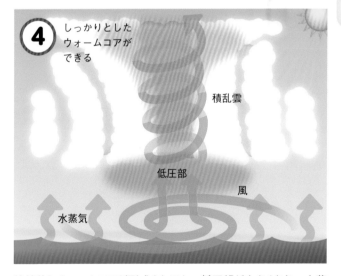

持続的にウォームコアが形成されると、低圧部が大きくなり、水蒸気がどんどんふきこんでくる。まわりからふきこむ風は、地球の自転や大規模な風の影響で渦をまくようになり、最大風速が約17m/sをこえたときに台風発生となる。

25

台風を発生させる大規模な風のパターン

台風が発生する条件のひとつである大規模な風には、およそ5つのパターンがあります。それぞれのパターンで台風の特徴も決まってきます。

風のパターンと台風の生まれつきの個性

台風が発生するための環境場の条件のひとつだった大規模な風にはいくつかのパターンがあります。北西太平洋では、およそ5パターンがあり、そこで発生する台風は、そのパターンによって、その後の特徴が決まります。台風の生まれつきの個性といえます。

実際には複数のパターンが重なって複雑になる場合もありますが、ここでは典型的な5つのパターンと、台風の特徴を紹介しておきましょう。

① シアラインパターン

一年中見られるパターンです。とくに夏になると、インド洋や南半球から、西よりの大規模な季節風(モンスーン)がふきはじめます。もともと太平洋の亜熱帯海域では、偏東風や太平洋高気圧南端の東風がよくふいています。偏東風は、人がおもに帆船で移動していた時代に大陸と大陸を結ぶ貿易を可能にしたため、貿易風ともいわれます。ここに大規模なモンスーンなどの西風がふくと、南側には西風、北側には東風がふく、「シアライン」とよばれる場所ができます。このシアラインの近くでは、積乱雲が発生しやすく、そのいくつかは熱帯低気圧になり、やがて台風になります。

例：令和元(2019)年台風第19号(→7,11,33,43ページ)

台 出現する頻度が多く、台風を一番つくりやすい。台風の約45%がこのパターンで発生する。

② 合流域パターン

モンスーンの西風と偏東風がぶつかったところを「合流域」といいます。合流域も風が集まるところなので、雲が発生しやすく、雲のかたまりから熱帯低気圧ができ、そのいくつかは台風になります。

このパターンで発生した台風は北上しやすく、日本に上陸する割合がほかのものよりも1.5倍も高くなります。日本が最も警戒すべきタイプです。

例：平成29(2017)年台風第21号(→53ページ)

台 このパターンで発生する台風は、発生時は小さいが、急速に発達しやすい。発生する台風の約20%をしめる。北に進みやすく、日本に一番上陸しやすいパターン。

③ モンスーンジャイアパターン

フィリピン近くでは、南西からふきこむモンスーンと太平洋高気圧からふき出す北東からの風がぶつかることで、まわりより気圧の低い気圧の谷（トラフ）ができます。この低圧部をモンスーントラフとよびます。モンスーントラフが発達すると、「モンスーンジャイア」とよばれる大規模な渦ができます。モンスーンジャイア域では小規模な渦ができやすく、いくつかは熱帯低気圧になります。

顕著なモンスーンジャイアは数年に一度と、めったに発生しません。しかし、モンスーンジャイアが発生すると、10日以上このパターンが続くので、台風が複数連続で発生することもあります。

例：令和元（2019）年台風第17号（→11ページ）

台 発生する台風のうち約10%をしめる。このパターンで発生した台風は、発生時は大きく弱いことが多い。発生後はうろうろすることが多い。

④ 偏東風波動パターン

偏東風は発達すると、「偏東風波動」という、ヘビのように南北に蛇行する状態になります。この蛇行しているところでは、高気圧性の渦（時計回り）と低気圧性の渦（反時計回り）が交互にでき、低気圧性の渦の中には熱帯低気圧になるものもあります。それがやがて台風になります。

このパターンで発生した台風は、西に向かいやすく、フィリピンやベトナムに上陸することが多いです。

例：令和元（2019）年台風第15号（→7,11,16,40ページ）

台 このパターンで発生する台風は、全台風の約15%。発生時は小さく、発達しにくい。西に進みやすく、日本よりもフィリピンやベトナムによく上陸する。

⑤ 先行台風パターン

すでに発生している台風の南東側に高気圧性の渦ができ、さらにその渦の南東側に低気圧性の渦ができることがあります。その低気圧性の渦がやがて熱帯低気圧になり、台風となります。

台風が別の新たな台風の発生を助ける、台風が台風を生む特別なパターンです。しかし、台風がいれば、いつもその南東側に台風ができるわけではありません。環境場の条件がそろっていることと、親の台風が強いことが条件です。

例：平成29（2017）年台風第22号（親の台風は②合流域パターンで紹介した第21号）

台 このパターンで発生する台風は、よく発達して、成熟時に強くなる。発生数は全体の約10%で、寿命は長い。

台風が発達するしくみ

発生した台風は、環境場の条件がまだそろっていると、どんどん発達します。台風は自己発達のメカニズムをもっています。

台風発達のしくみ

台風は、次のようなステップをくり返すことで発達していきます。

① 強い風で水蒸気が発生して上昇する

台風の中心には風（インフロー〈→23ページ〉）がふきこんでいます。この風によって水蒸気が大量に発生します。水蒸気はインフローの風によって台風の中心まで運ばれ、そこから上昇気流によって上空に運ばれます。

② ウォームコア（→23ページ）が発達する

水蒸気は上昇して、次つぎと積乱雲になり、壁雲をつくります。そのとき熱（潜熱）を放出してまわりの空気を暖めます。暖かくなった空気はウォームコアをさらに発達させます。

③ 低圧部の気圧がさらに低くなる

台風の中心下部には、気圧の低い低圧部があります。ウォームコアが発達すると、低圧部の気圧がさらに低くなります。

④ 低圧部に、さらに強い風がふきこむ

気圧がさらに低くなった低圧部には、さらに強いインフローが大量にふきこみます。そして①のステップにもどります。

ウォームコアは台風のエンジン、水蒸気はガソリン

台風という巨大な自然現象は、海上から蒸発する水蒸気と、それが雲になることでつくられるウォームコアがカギとなります。とくにウォームコアは、台風を動かす原動力になっており、いわば台風のエンジンともいえます。水蒸気というガソリンとウォームコアというエンジンが持続的に動けば、台風という車は走り続けるのです。

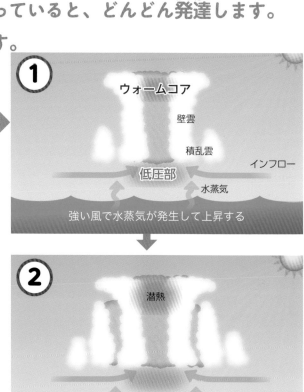

① ウォームコア／壁雲／積乱雲／インフロー／低圧部／水蒸気

強い風で水蒸気が発生して上昇する

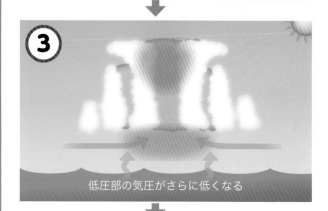

② 潜熱

ウォームコアが大きくなる

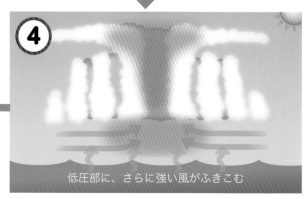

③ 低圧部の気圧がさらに低くなる

④ 低圧部に、さらに強い風がふきこむ

自家発電機をもつ台風

　台風は、いったん発生すると、中心の気圧が低くなり、気圧が低くなるほど、台風の渦が強まり、風が強くなります。海の上では、強風になると水蒸気がたくさん発生します。その水蒸気で積乱雲ができ、雲ができると中心の空気が暖められ、ウォームコアが強まって気圧がさらに下がります。台風の中では、このように雲と風がおたがいを強めあっています。発達期までくると、台風のまわりの環境場が少しくらい台風を弱めることがあっても、このきずなによって台風は生き続けます。

　電気をつくる発電所は、つくった電気を各地に届けながら、その一部は電気をさらにつくるのに使います。台風も同じように、自分自身の風を利用して発達する、自己発達型の大気現象です。台風がほかの自然現象と比べて、大きなエネルギーを生み出すのも、長生きをするのも、この自己発達型のメカニズムをもっているためです。

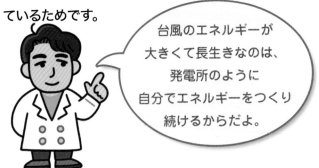

台風のエネルギーが大きくて長生きなのは、発電所のように自分でエネルギーをつくり続けるからだよ。

水蒸気が発生

大量の水蒸気を運ぶ

雲の発生

空気を暖める

気圧が下がる

低気圧に風がふきこむ

雲と風のきずな

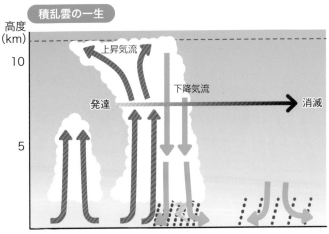

積乱雲の一生

高度(km)

10

5

上昇気流

下降気流

発達　　　　消滅

　多くの自然現象は自己破滅型。発達すればするほど、その現象は速く消滅する。たとえば、夏によく見られる入道雲（積乱雲）は、暖められた空気が上昇してどんどん発達するが、発達すればするほど雨は降り、やがて入道雲は消滅する。

台風が自分の首をしめる？

　台風の発達のしくみは完璧のように見えますが、そのしくみから生じる弱点があります。台風が強い風で海をかき混ぜると、深いところにある冷たい海水と海面の暖かい海水がかき混ぜられて、海面水温が下がります。台風の発達をもたらす環境場の条件は暖かい海水なので、海面水温を下げることは、台風にとって都合の悪いことになります。いわば、台風が自分で自分の首をしめる行為なのです。

　しかし、台風が海水をかき混ぜることで、生態系にめぐみをもたらしていることは、すでにふれたとおりです（→19ページ）。

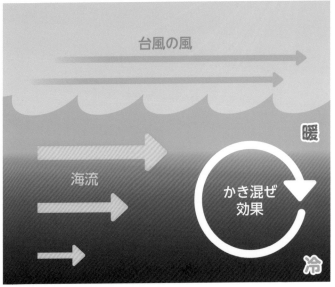

台風の風

暖

海流

冷

かき混ぜ効果

　台風の中心気圧が下がり、強い風がふくと、海面水温が下がり、水蒸気が発生しにくくなる。

台風が移動するしくみ

台風は南の暖かい海の上で発生し、西や北の大陸のほうへ移動します。まるでヨットのように、台風はまわりの風に流されます。

台風は風まかせのヨット!?

　台風は、自分の力ではほとんど動けません。台風の移動をもたらすのは、台風のまわりの大規模な風の力です。台風はヨットのように、この大規模な風に流されて移動します。

　北西太平洋では、低緯度では偏東風という東風が、中緯度では偏西風という西風がふいています。また、夏には、太平洋高気圧が発達します。さらにはモンスーンによる西風もふきます。台風はこれらの風の影響を大きく受けて動かされているのです。

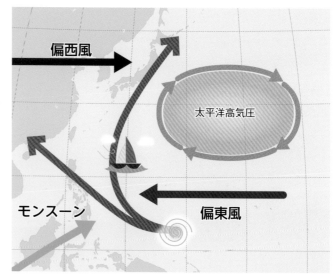

季節によって変わる台風の動き

　大規模な風は、季節にともなって変化します。夏になると、勢力を増す太平洋高気圧が日本の天気を支配しますが、秋や冬になればその存在感はうすくなります。偏西風は一年中ふいていますが、その位置は1年を通して変わります。春や夏になれば偏西風は北上し、秋や冬になれば南下して日本付近の上空でふいています。台風はこのような季節の変化を敏感に察知して、動きが変化します（→13ページ）。

　夏は太平洋高気圧が強くなります。そのため台風は、日本付近まで発達した太平洋高気圧の西側にそって進路をとります。台風のいくつかは北寄りに動き、ゆっくりとした速度で日本に接近します。

　秋になると、太平洋高気圧の影響は弱まりますが、今度は偏西風の位置が南下してきます。北上した台風は、その偏西風が強い領域に入ると、向きを北東方向に変更（転向）して、いっきに速度を上げます。そして、日本付近を南西から北東方向に通りぬけます。

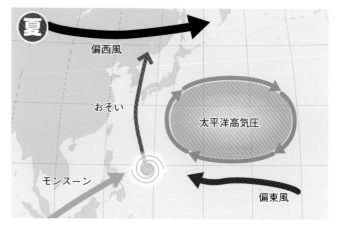

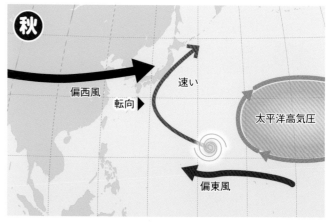

台風が台風を動かす？

　2つ以上の台風が近づくと、それぞれの影響を受けて進路が複雑になることがあります。同じくらいの勢力であれば、おたがいの中間点を中心に反時計回りの回転運動をしますが、勢力がかなりちがう場合は、さまざまな動きをします。いずれにしても、進路を予報するときは、ほかの台風の効果を考える必要があります。

　こうした複数の台風同士が進路に影響をあたえる現象を「藤原効果」といいます。中央気象台（現在の気象庁）の第5代台長をつとめた藤原咲平が、1921年に提唱したことから名づけられました。

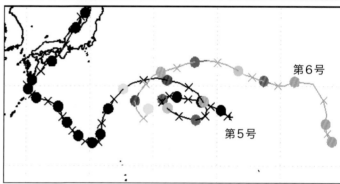

赤が平成29（2017）年台風第5号、緑が台風第6号を示す。

5号は、6号の影響でこんなにくねくねしたんだね。

経路の図は黒が平成29（2017）年台風第5号（→13ページ）で、灰色が台風第6号。それぞれの丸の色は、同じ日が同じ色になっている。

第6号
第5号

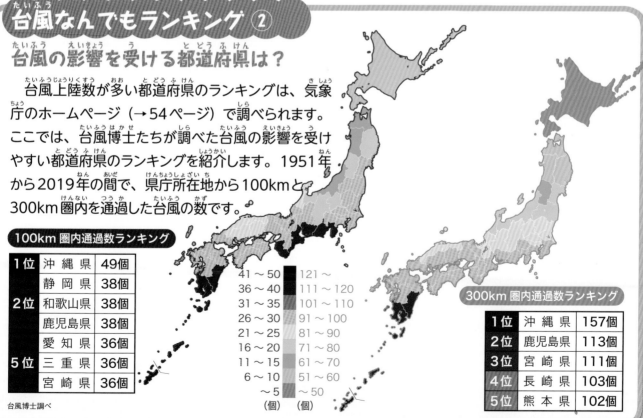

台風なんでもランキング②
台風の影響を受ける都道府県は？

　台風上陸数が多い都道府県のランキングは、気象庁のホームページ（→54ページ）で調べられます。ここでは、台風博士たちが調べた台風の影響を受けやすい都道府県のランキングを紹介します。1951年から2019年の間で、県庁所在地から100kmと300km圏内を通過した台風の数です。

100km圏内通過数ランキング

順位	都道府県	個数
1位	沖 縄 県	49個
	静 岡 県	38個
2位	和歌山県	38個
	鹿児島県	38個
	愛 知 県	36個
5位	三 重 県	36個
	宮 崎 県	36個

台風博士調べ

41〜50	121〜
36〜40	111〜120
31〜35	101〜110
26〜30	91〜100
21〜25	81〜90
16〜20	71〜80
11〜15	61〜70
6〜10	51〜60
〜5	〜50
（個）	（個）

300km圏内通過数ランキング

順位	都道府県	個数
1位	沖 縄 県	157個
2位	鹿児島県	113個
3位	宮 崎 県	111個
4位	長 崎 県	103個
5位	熊 本 県	102個

台風の終わり

成長して大人になったあとは、おとろえていく人の人生と同じように、台風も強く大きくなったあとは、弱まって、最後は消えていきます。

台風に好ましくない環境

台風が弱まるのは、発生や発達に適さない環境になったときです。海面水温が低い海域や、風への抵抗力が大きい陸地に移動したり、大気の上層と下層で風速や風向きが大きくちがうところに入ったりすると、台風は弱まります。

水蒸気があまり入ってこない。

海面水温の低下

台風の構造がくずれる。

水蒸気が入ってこないうえに、地上との摩擦で風が止められる。

台風が日本などに上陸すると、海面からの水の蒸発がなくなるので、台風に水蒸気が入らなくなる。ガソリンがなくなった車と似ている。しかし、ガス欠した車が、しばらくはそれまでの勢いで走るのと同じで、台風はすぐには消滅しない。

令和元（2019）年台風第15号の最期

まとまった雲域がくずれていく。
9月9日13時

9月9日20時

9月10日4時

台風クイズ

もしも台風の発達をさまたげる環境がなければ、台風はいつまでも消えないのかな？

ヒントは53ページにあるよ。

消えてなくなる。9月10日20時

9月10日8時

32

台風のセカンドライフ

台風が勢力を弱めると、その後はおもに2つのパターンの道をたどります。ひとつは、そのまま消滅するパターンです。台風の定義である最大風速が17m/sを下回ると、熱帯低気圧とよばれ、いずれそのまま雲も渦も消滅していきます。

もうひとつは、熱帯低気圧から温帯低気圧に変化するパターンです。日本に接近するような北上する台風は、中緯度の環境場の影響を受けて構造を変化さ

せます。「温帯低気圧化」（→17ページ）です。

熱帯低気圧と温帯低気圧の構造はまったくちがいます（→10ページ）。温帯低気圧は台風のようなウォームコアをもっておらず、丸くもありません。また、暖気と寒気の境である前線をもっています。温帯低気圧化がおこると、台風は前線をもった、いびつな構造になります。一度弱まって熱帯低気圧になった台風が、温帯低気圧としてふたたび発達して、猛威をふるうこともあります。まさにくさっても「台（鯛?）」ですね。

令和元（2019）年台風第19号の経路図

令和元（2019）年台風19号は、10月13日12時に温帯低気圧に変わったが、そのあとふたたび中心気圧が下がった。

令和元（2019）年台風第19号の中心気圧の変化

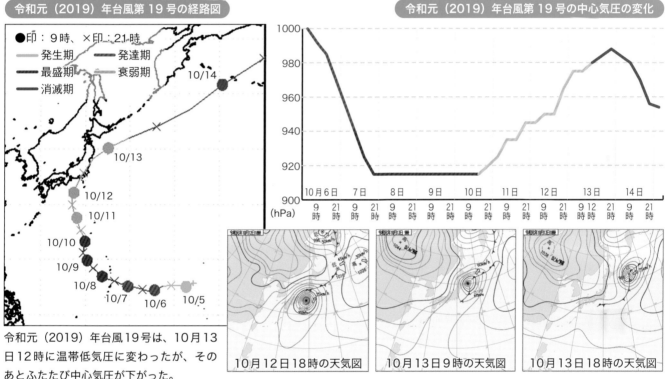

10月12日18時の天気図

10月13日9時の天気図

10月13日18時の天気図

温帯低気圧化した台風の謎

右の観測結果は、台風通過時にある地点で観測した気圧の結果です。台風中心が最も接近したところで最低気圧を観測するはずですが、その後に急な気圧低下が発生しています。温帯低気圧化中の台風には、しばしば、台風中心よりも気圧が低い「プレッシャーディップ」という現象が発生します。まだその原因は完全に解明されていません。台風博士が、台風を研究するきっかけになった現象です。

1998年10月16～17日に岡山地方気象台で観測した気圧の時間変化

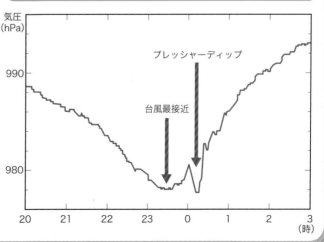

地球温暖化と台風の傾向

近年、二酸化炭素の増加により、地球の気温は上がっています。この地球温暖化にともなって台風の傾向も変わってきました。

地球の温室効果

地球は太陽の光を受けて、その約70％を地表や大気が吸収しています。暖かくなった地表や大気からは赤外線が出て、熱の一部が宇宙へにげています。しかし、大気にふくまれる二酸化炭素やメタンなどの気体は、地表や大気から出る赤外線を吸収・放出して、地表をさらに暖めます。これを温室効果といい、温室効果をもたらす気体を温室効果ガスといいます。

地球の気温がさらに上がる？

温室効果ガスの中でも、とくに二酸化炭素が増えており、2019年には大気中の二酸化炭素濃度が過去最高の415ppm[*1]を記録しました。これは産業革命前の水準の約1.5倍で、地球の気温も上昇を続けています。IPCC（気候変動に関する政府間パネル）の第5次評価報告書によると、世界の地上平均気温は1880～2012年の間に0.85℃上昇しており、温室効果ガスの排出が今後も多いままで続くと想定したシナリオ（RCP8.5シナリオ[*2]）では、2081～2100年平均の世界の地上平均気温は、1986～2005年平均と比べて最大で4.8℃上昇するとされています。

日本も、年平均気温が100年で1.24℃上昇しており、RCP8.5シナリオにもとづく気象庁の予測では、2076～2095年平均の年平均気温が、1980～1999年平均と比べて4.5℃上昇するとされています。

また、別の研究では、海面水温も上昇し、日本のまわりでは、2050～2099年平均が、1956～2005年平均と比べて2.4～3.2℃、北海道の近くでは3.2℃以上上昇すると予測されています。

この地球温暖化の影響を受けて、未来の台風はどう変わるか、今も研究が続いています（→52ページ）。

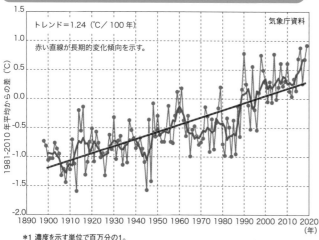

日本の年平均気温の変化（1981～2010年の平均との差）

トレンド＝1.24（℃／100年）　　気象庁資料

赤い直線が長期的な変化傾向を示す。

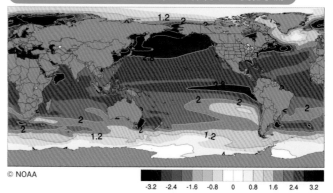

アメリカ海洋大気庁（NOAA）の海面水温の変化予測

© NOAA

NOAAの気候変動プログラムによる海面水温の変化予測。RCP8.5シナリオでの2050～2099年平均と1956～2005年平均との差。

＊1 濃度を示す単位で百万分の1。

＊2 予測を行うときの仮定の一種で、RCPは「代表的濃度経路」の英語の略。数値は2100年における放射強制力（気候に影響をあたえる放射エネルギー）のことで、大きいほど温暖化を引きおこす効果が大きい。

強い台風が増えている？

　下の棒グラフは、台風博士たちがつくった1900年から2014年までに日本に上陸した台風の数です。気象庁の上陸の定義とはちがう独自の定義を使っているため、最近の上陸数（→12ページ）と比べるとちがっている年もありますが、ほとんど変わりません。この115年間の日本への上陸数の平均は3.1個でした。また、上陸数の傾向を見ると、年によってばらつきがあるものの、長期的な増加・減少の傾向は見られません。

　その下のベルトグラフは、上陸したときの台風の気圧を9つに区分し、それぞれの割合を5年ごとに示したものです。これを見ると、970hPa（折れ線）を下回る強い台風の割合が、1990年以降から増加しているのがわかります。全期間の平均は約30％ですが、2000年以降では約50％になっています。

強い台風には名前がつく！？

　気象庁では、大きな災害をもたらした自然現象について、後世に経験や教訓を伝える目的で名称を定めることにしています。2019（令和元）年に大きな災害をもたらした台風第15号と第19号については、名称を定めました。第15号は「令和元年房総半島台風」、第19号は「令和元年東日本台風」です。台風について名称が定められるのは、1977年の「沖永良部台風」以来42年ぶりのことです。

令和元年台風がやってきました。

日本に上陸した台風の数

台風博士調べ

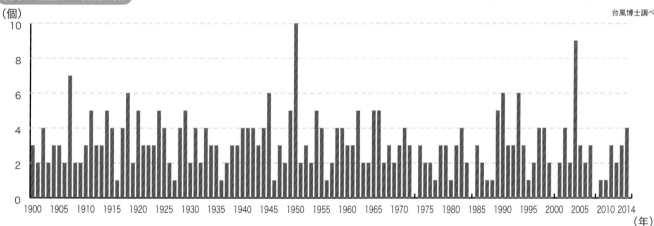

日本に上陸した台風の中心気圧ごとの割合の変化

台風博士調べ

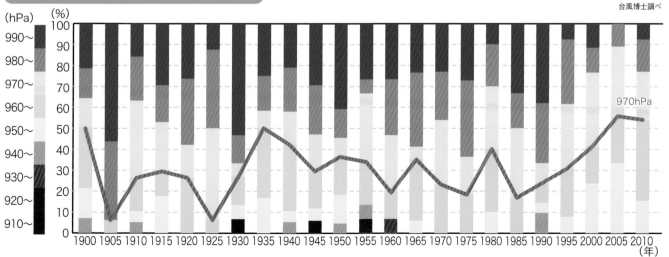

970hPa

35

低気圧の渦をつくるコリオリの力

台風や温帯低気圧の風は、北半球では時計と反対回り（反時計回り）にふいています。しかし、南半球では、時計回りにふいています。この渦の回転方向を決めるのは、コリオリの力です。

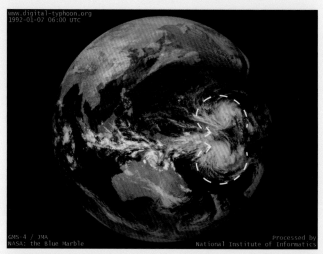

双子の台風

赤道の上では台風は発生しませんが（→24ページ）、赤道をはさんで北半球と南半球の緯度の低いところでは、ほぼ同時に台風が発生することがあります。これをツインサイクロンや双子低気圧といいます。このツインサイクロンをよく見ると、渦の向きが逆になっていることがわかります。なぜでしょうか。

1992年1月、オーストラリアの東側の南太平洋にサイクロン・ベツィーが発生し、ほぼ同じくして北西太平洋に台風第1号が発生した。

地球の自転で生じる力

地球は、北極の上から見ると反時計回りに（東に向かって）回転しています。回転している表面を動く物体が受ける見かけの力を、コリオリの力といいます。たとえば少しオーバーですが、地球の北極にいる投手から赤道上にいる捕手にボールを投げたとします。これを宇宙から見れば、ボールはまっすぐ進んでいるように見えますが、赤道上の捕手にはとどきません。なにかの力がはたらいてボールが曲げられるように見えるのです。ボールを曲げたように見せるこの力がコリオリの力です。

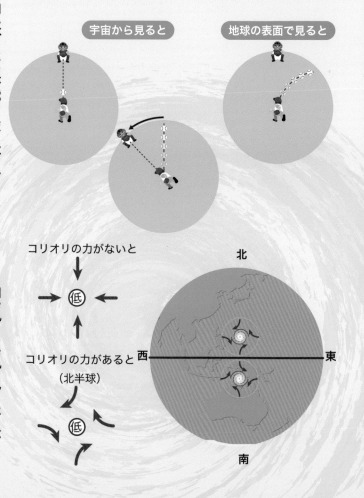

宇宙から見ると　地球の表面で見ると

コリオリの力がないと

コリオリの力があると
（北半球）

北

西　東

南

北半球と南半球では逆になる

北半球のコリオリの力は、進んでいる物体を右側に曲げるようにはたらきます。そのため、低気圧の中心に風がふきこむとき、風は右側に曲げられます。これによって、低気圧のまわりでは時計と反対回りの渦巻き状の風が生まれます。反対に、南半球のコリオリの力は、進んでいる物体を左側に曲げるはたらきがあります。そのため、南半球の低気圧では、北半球と渦の向きが逆になり、時計回りになります。

第3章

台風から命を守れ！

台風被害の歴史と変化

日本は大昔から、台風によって大きな被害を受けてきました。近年は、死者数は少なくなりましたが、経済的な被害は以前より大きくなっています。

大きな被害をもたらした過去の台風

昭和時代以降、日本に大きな被害をもたらした台風について、死者・行方不明者、負傷者の数を見てみると下のグラフのようになります。1930〜1950年代は、1000人以上の死傷者・行方不明者が出る台風が、たびたび日本をおそったことがわかります。

とくに1959年9月の伊勢湾台風は、愛知県と三重県を中心に約5000人の死者・行方不明者と約3万9000人の負傷者を出し、明治時代以降最悪の台風被害となりました。

当時、多くの人が犠牲になった大きな原因は、①観測技術が十分でなかった、②台風の予測技術が未熟だった、③危険を知らせる情報伝達のしくみが不十分だった、④治水や防災のためのインフラが整備されていなかった、⑤建物などが弱かった、といったことがあげられます。

伊勢湾台風を教訓に、1961年の災害対策基本法の制定をはじめ、国や地方自治体の防災対策が整えられていきました。

提供：国土交通省木曽川下流河川事務所

伊勢湾台風で浸水した名古屋市。この台風による死者・行方不明者の7割強は、高潮（→41ページ）によるものだった。

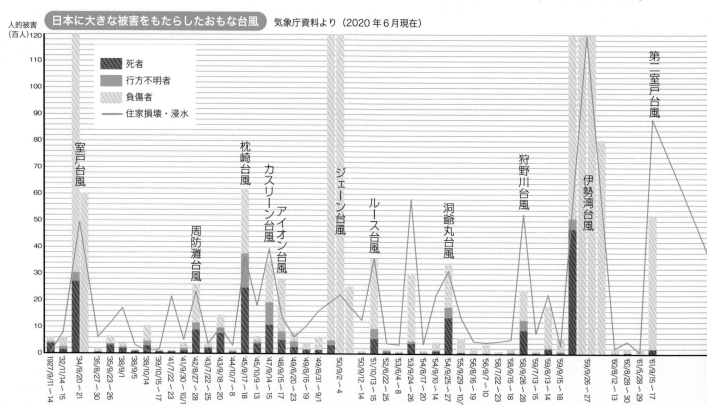

人的被害（百人）

日本に大きな被害をもたらしたおもな台風 気象庁資料より（2020年6月現在）

凡例：
- 死者
- 行方不明者
- 負傷者
- 住家損壊・浸水

室戸台風
周防灘台風
枕崎台風
カスリーン台風
アイオン台風
ジェーン台風
ルース台風
洞爺丸台風
狩野川台風
伊勢湾台風
第二室戸台風

ふくらむ被害額

　下のグラフのとおり、1980年以降は台風による死者はぐんと減り、100人をこえることはほとんどなくなりました。防災に関する法律やしくみ、洪水などを防ぐ治水設備の整備が進んだからです。高度経済成長によって家庭にテレビが普及し、台風の情報を早く正確に知ることができるようになったことも一因です。

　その反面、高度経済成長は都市部への人口集中をまねきました。雨水をたくわえる山林が切りひらかれ、洪水の被害を受けやすい川沿いの低地などで宅地開発が急激に進みました。そのため、1960年以降、台風による建物の被災数や、人的な被害は減りましたが、被害額は1960年以前より増えています。風水害による保険金の支払額の順位表（右）を見ても、この30年間の台風によるものが10位中9件をしめています。

令和元（2019）年台風第19号で増水した多摩川。近年人気を集めている神奈川県川崎市のタワーマンション（写真奥）も、浸水による停電でエレベーターが使えなくなるなど、大きな被害を受けるところがあった。

保険金の支払いが多かった風水害等

順位	災害名	対象年月日	支払保険金
1	平成30年台風第21号	2018年9月3〜5日	1兆678億円
2	令和元年台風第19号 （令和元年東日本台風）	2019年10月6〜13日	5,826億円
3	平成3年台風第19号	1991年9月26〜28日	5,680億円
4	令和元年台風第15号 （令和元年房総半島台風）	2019年9月5〜10日	4,656億円
5	平成16年台風第18号	2004年9月4〜8日	3,874億円
6	平成26年2月雪害	2014年2月	3,224億円
7	平成11年台風第18号	1999年9月21〜25日	3,147億円
8	平成30年台風第24号	2018年9月28日〜10月1日	3,061億円
9	平成30年7月豪雨 （前線・台風第7号による大雨等）	2018年6月28日〜7月8日	1,956億円
10	平成27年台風第15号	2015年8月24〜26日	1,642億円

※支払保険金は見込み。日本損害保険協会調べ（2020年3月末現在）

提供：東京消防庁 玉川消防署

令和元（2019）年台風第19号で多摩川が増水し、下流の神奈川県川崎市、東京都世田谷区、大田区といった首都圏でも駅や住宅街などで浸水被害が発生した（令和元年10月12日夜の東京都世田谷区で撮影）。

住家被害（万棟）

令和元（2019）年台風第19号

平成30年7月豪雨

台風の風による被害

台風の強い風は、さまざまなものをふきとばし、建物をこわします。強風によって、高潮や高波が発生し、沿岸部に大きな被害をもたらすこともあります。

台風の風が強いところ

台風の風は広範囲におよびますが（→45ページ）、最も強いところは、台風の中心付近です。また、台風の進行方向の右側は、進行するときに発生する風と、渦巻きの風が同じ向きになるため、強くなります。反対に左側は、風が弱まります。

進行方向右側を「危険半円」といい、左側を「可航半円」といいます。

強風による被害が目立つ台風を「風台風」とよぶことがあります。

風がやや弱まる

風による被害

台風の進行方向

可航半円　弱風

危険半円　強風

進行方向

渦による風

風が強まる

進行方向

強風による被害

暴風の直接的な被害は、令和元（2019）年台風第15号のように、台風の中心が通過したところで大きくなります。台風による強い風の前では、風に向かって歩けなくなり、転んだり、風で飛ばされたものに当たったりしてけがをすることもあります。さらに風が強くなると、屋根が飛ばされたり、電車やトラックがひっくり返ったりします。大きな木や電柱がたおれて、家がこわれたり、停電になったりすることもあります。

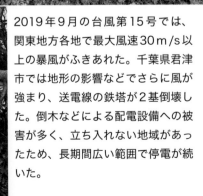

2019年9月の台風第15号では、関東地方各地で最大風速30ｍ/s以上の暴風がふきあれた。千葉県君津市では地形の影響などでさらに風が強まり、送電線の鉄塔が2基倒壊した。倒木などによる配電設備への被害が多く、立ち入れない地域があったため、長期間広い範囲で停電が続いた。

竜巻をおこす台風

　台風の通過にともなって竜巻もおこります。竜巻は、風速100ｍ/sもの突風がふくこともあり、通過した場所に短時間で深刻な打撃をあたえます。竜巻はレインバンド（→22ページ）で発生することが多く、台風の中心からはなれているところで発生します。1999年9月、台風第18号が九州に上陸・通過して、日本海にぬけたころに、はるか南東にある愛知県豊橋市で3つの竜巻が発生しました。この竜巻により、豊橋市では400人以上の負傷者が出ました。

提供：豊橋市

1999年9月24日、台風第18号によって豊橋でおこった竜巻。風速70〜93ｍ/s級の突風がふき、多くの負傷者が出たほか、2000棟以上の建物がこわされ、学校や農家、工場などにも大きな被害が出た。

（→22ページ）

りんご台風

　1991年9月、最大風速50ｍ/sの台風第19号が日本海を北上し、全国で大きな被害が出ました（39ページのランキング3位）。青森県では収穫間近のリンゴの7割が強風で落ちました。そのため、この台風を「りんご台風」ともよびます。

りんご台風で落ちたリンゴ。絶望的な状況の中で、無事だったリンゴを受験生向けに「落ちないりんご」として売り出してヒットさせ、ピンチをチャンスに変える農家もあった。

（39ページのランキング3位）

高潮・高波による被害

　台風によって海面の水位が上がることを「高潮」といいます。沖から海岸へ強風がふいて海水が海岸にふきよせられたり（ふきよせ効果）、低い気圧によって海水が吸い上げられたり（吸い上げ効果）することでおこります。また、海面に強風がふき続けると「高波」が発生します。高潮と高波が重なると、海水が堤防をこえたり川を逆流したりして、海岸からはなれた陸地にも水がおしよせ、建物や農地などが浸水し、人や自動車が流されるなどの被害が出ます。

　自然災害の中で史上最悪の人的被害をもたらしたのは、1970年11月にバングラデシュ（当時は東パキスタン）をおそったサイクロン・ボーラで、高潮によって死者は約30万人におよびました。

2018年9月4日、台風第21号によって大阪湾の海面水位は277cm上がり、過去最高の329cm（東京湾の平均海面からの高さ）を記録した。この高潮と高波で大阪湾上の関西国際空港が浸水する（右）など、大阪湾岸の広い範囲に大きな被害が出た。

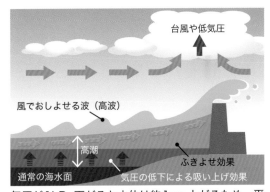

台風や低気圧

風でおしよせる波（高波）

高潮

ふきよせ効果

通常の海水面　　気圧の低下による吸い上げ効果

気圧が1hPa下がると水位は約1cm上がるため、平常時に1000hPaのところでは、中心気圧950hPaの台風は、吸い上げ効果で水位を約50cm上げることになる。

提供：国土交通省近畿地方整備局

台風の雨による被害

台風は、広い範囲で大雨を降らせます。その大雨によって洪水や、がけくずれや地すべりといった土砂災害がおこります。

台風で降る雨の特徴

台風は雲のかたまりなので、大雨をもたらします。台風がゆっくりと移動すると大雨が続き、数日で1年間の降水量と同じだけの量が降ることもあります。日本では、1日の降水量の記録の多くは、台風によってつくられています。大雨による被害が目立つ台風を「雨台風」とよぶことがあります。

1日の降水量が多かった地点ランキング

順位	地点	降水量	日付	台風
1位	神奈川県箱根	922.5mm	2019年10月12日	令和元年台風第19号（令和元年東日本台風）
2位	高知県魚梁瀬	851.5mm	2011年7月19日	平成23年台風第6号
3位	奈良県日出岳*	844mm	1982年8月1日	昭和57年台風第10号
4位	三重県尾鷲	806mm	1968年9月26日	昭和43年台風第16号（第3宮古島台風）
5位	香川県内海	790mm	1976年9月11日	昭和51年台風第17号
6位	沖縄県与那国島	765mm	2008年9月13日	平成20年台風第13号
7位	三重県宮川	764mm	2011年7月19日	平成23年台風第6号
8位	愛媛県成就社	757mm	2005年9月6日	平成17年台風第14号
9位	高知県繁藤	735mm	1998年9月24日	秋雨前線
10位	徳島県剣山*	726mm	1976年9月11日	昭和51年台風第17号

観測所がある地点の観測史上1位の値を使ってランキングを作成（＊現在観測所は廃止）（気象庁HP＜2020年6月末日時点＞より）

はなれていても雨を降らせる台風

台風からはなれていても、台風の影響で暖かく湿った空気が日本列島に流れこみ、山沿いを中心に大雨を降らせることがあります。
また、南の暖かく湿った空気と北の冷たい空気がぶつかって、ほとんど動かない梅雨前線や秋雨前線があるときに台風が近づくと、台風の暖かく湿った空気が運ばれて前線の活動が活発になり、大雨になることがあります。

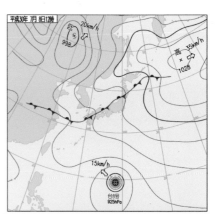

2018年7月6日〜7日の24時間積算雨量の分布

2018年7月6日から8日にかけて、日本にかかる梅雨前線（停滞前線）と、日本のはるか南にある台風により、西日本では、1時間に100mmをこえる激しい雨が継続的に降った（平成30年7月豪雨）。

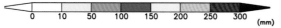

データ：国土交通省 XRAIN、解析：防災科学技術研究所

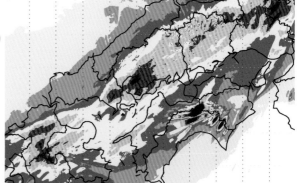

大雨で川があふれる

　台風が来ると、大量の雨が数日で広範囲に降るため、川の水が急激に増えてあふれることがあります（氾濫）。それにより堤防がくずれたり（決壊）、街中に水が流れこんだりします（浸水）。最近では、治水ダムや堤防などにより、川が氾濫することは少なくなりましたが、山や森など自然の大地に水をたくわえられない都市部では、逆に水害になることが増えています。

　また、上流域に降った雨で川の水が急に増えて、下流にいた人が流されたり、中洲にとりのこされたりするなどの事故も増えています。自分のいる場所だけでなく、周辺の気象情報にも気をつけなくてはいけません。

2019年10月、令和元年台風第19号で千曲川が決壊し、長野県長野市赤沼にあるJR東日本長野新幹線車両センターに水が広がり、新幹線の車両も浸水した。

撮影：国土交通省北陸地方整備局　（ハユマ加筆）

静岡県富士宮市では、2011年9月に台風第12号、第15号による大雨が続き、2か月たっても、道路のわきや民家から大量の地下水がわき出し（異常湧水）、浸水被害が発生した。

令和元年台風第19号では、多摩川やその支流も氾濫し、東京都や神奈川県でも浸水被害があった。

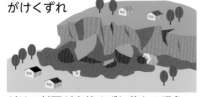

山梨県早川町では、令和元年台風第19号による土砂くずれで、一時、早川町（奈良田地区）の33世帯53人が孤立した。

大雨でくずれる大地

　大雨で、その土地にたくわえられる量以上の雨が降ると、がけくずれや、斜面になった地面ごと下に移動する地すべり、土砂や水がいっしょになって下流におし流される土石流などの土砂災害がおこります。

　都市の近くで住宅をつくるときは、山をけずることも多く、そこに新しくがけができたり、地面をささえる根をはる木が切られたりします。そうした場所で大雨が降って、土砂災害になることが増えています。

　がけにひび割れができていたり、そこから大量の水が出ていたり、地鳴りが聞こえたりしたら、すぐに安全な場所に避難してください。

がけくずれ

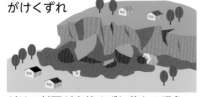

がけの斜面が突然くずれ落ちる現象。

地すべり

地下の粘土層の上に水がたまり、その上の地面ごとすべり落ちる現象。

土石流

川や谷にたまった大量の土砂や石、木などが水と混じって流れ落ちる現象。

気象庁 VS 台風

気象庁は、気象や地震、火山や海などの自然現象を観測し、国民の生命・財産を災害から守るため、適切な情報提供に努めています。台風の解析や予報も行っています。

気象庁が受けもつ範囲

空に国境はありません。台風も国境をこえて影響するため、国際協力が必要です。そのため、国際連合の専門機関のひとつの世界気象機関（WMO）がまとめています。そして、日本の気象庁は、北西太平洋域に発生する台風を監視する地域特別気象センター（RSMC）としての役割を担っています。

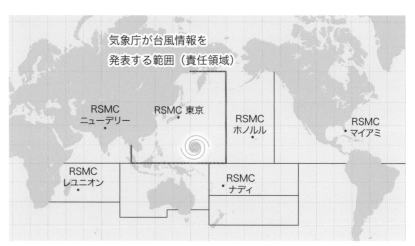

気象庁が台風情報を発表する範囲（責任領域）

RSMC ニューデリー　RSMC 東京　RSMC ホノルル　RSMC マイアミ　RSMC レユニオン　RSMC ナディ

気象庁は、上の図の赤い線で囲われた範囲内で24時間以内に台風が発生したり、台風が進入してきたりすることが予想される場合、台風情報を発表する。

台風を観測する

気象庁では、台風がどこにあって、どのくらいの強さなのかを調べるために、さまざまな観測を行っています。台風の位置は、静止気象衛星「ひまわり」の画像でわかります。

台風の強さは、「ひまわり」の雲画像から、ドボラック法という方法で推定します。ドボラック法では、雲のパターンから台風の強さを推定します。

また、高度約400〜800kmで地球を回る極軌道衛星から、厚い雲の影響を受けにくいマイクロ波という電磁波を使って、台風のウォームコア（→23ページ）の温度や、海面の波を観測します。これにより台風の強さや海上の風速を推定することができます。

さらに、地上にある気象ドップラーレーダーは、マイクロ波を出して、雨雲の位置や雨の降る強さを観測するとともに、風に流される雨つぶから反射されるマイクロ波のドップラー効果*から、雨雲の動きや風の流れを観測しています。

静止気象衛星「ひまわり」
可視光や赤外線・近赤外線などで観測し、高精細なカラー画像や熱や水蒸気をとらえた画像を、日本の周辺であれば2.5分ごとに撮影できる。

マイクロ波観測衛星
マイクロ波は上層の雲をほぼ透過するため、可視光や赤外線では確認できない下層の雲を観測するのに適している。

気象ドップラーレーダー
マイクロ波を出して、はね返ってくるマイクロ波から、雨の強さや雨雲の動きを観測できる。

＊ 音や電波の波が発生地点と観測者の相対的な速度によって変化すること。観測地点に近づく雨にはね返る電波の周波数は高くなる。

台風を予測する

　現在の天気予報は、気圧、気温、風速などの観測データを、物理法則に従ってプログラミングしたコンピュータに入力し、それらの数値が今後どうなるかを予測させます。このコンピュータプログラムを「数値モデル」といい、それを用いた計算を「数値シミュレーション」といいます。

　数値モデルでは、初期値のわずかなちがいで予報結果が大きく変わることがあるため、少しずつちがう初期値を用意して多数の予報を行い、確率の高い予報を採用しています。これをアンサンブルシミュレーションといい、世界中の気象局のアンサンブル予報結果を共有し、台風の進路の予測などに役立てています。

提供：気象庁

気象庁本庁（東京都）にある予報課の様子。ここで日本のまわりの気象を24時間、365日監視し、台風が発生すれば、台風の強さなどの解析や進路の予報を行う。

台風の現在とこれからを伝える

　台風が発生すると気象庁は、台風の1日（24時間）先までは12時間きざみの予報を3時間ごとに、5日（120時間）先までは24時間きざみの予報を6時間ごとに発表します。予報の内容は、台風の中心位置、進行方向と速度、中心気圧、最大風速（10分間平均）、最大瞬間風速、暴風域、強風域などです。

　台風の進路を伝えるときは、現在の台風の中心位置を×印で、それまでの台風の経路を青い線で示します。赤い円は暴風域で、風速25m/s以上の暴風がふくか、地形の影響がない場合にふく可能性のある領域です。黄色い円は強風域で、風速15m/s以上の強風がふくか、地形の影響がない場合にふく可能性のある領域です。白い点線は、12・24・48・72・96・120時間後に、台風の中心が来ると予想される範囲を円で表した予報円です。予報円のまわりの赤い線は、台風の中心が予報円の内部に進んだ場合、暴風域に入るおそれのある暴風警戒域です。

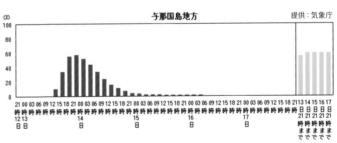
提供：気象庁

与那国島地方

気象庁は、5日（120時間）以内に台風の暴風域に入る確率が0.5%以上の地域には、地域ごとに暴風域に入る確率を3時間ごとに示す。

12・24・48・72・96・120時間後のそれぞれの予報円の中心を結んだ白い点線が示されるが、必ず台風の中心が線のとおりに進むわけではない。予報円内に台風の中心が来る確率は約70%。中心気圧や最大風速などの台風の強さは、進路によって大きく変わるため、進路予報が変われば、強さの予報も大きく変わる。

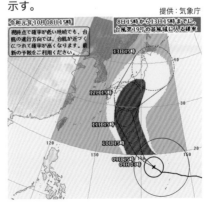
提供：気象庁

5日（120時間）先までに暴風域に入る確率を分布図でも示す。黄色は5〜30%、赤は30〜70%、紫は70〜100%。

45

防災のための気象情報

大雨や暴風などの被害を軽減するために、気象庁は注意報や警報などの防災気象情報を発表します。それをふまえて、自治体は避難勧告などを発令します。

気象庁が出す防災気象情報

気象庁では、大雨や暴風などによって発生する災害を少なくするために、注意報や警報などの防災気象情報を発表しています。「注意報」は、災害がおこるおそれのあるときに注意をよびかけるものです。「警報」は、重大な災害がおこるおそれのあるときに警戒をよびかけるものです。また、2013年から、重大な災害の危険性がかなり高まっているときには、「特別警報」を発表するようになりました。さらに2017年からは、5日以内に警報レベルまで強まると予想されるときに、「早期注意情報」を出しています。

特別警報は、その地域で数十年に一度しかないようなとても危険な状況であることを知らせます。特別警報が出たら「ただちに命を守る行動」をとる必要があります。

早期注意情報 （警報級の可能性）	大雨、暴風（暴風雪）、大雪、波浪
注意報	大雨、洪水、強風、風雪、大雪、波浪、高潮、雷、融雪、濃霧、乾燥、なだれ、低温、霜、着氷、着雪
警報	大雨（土砂災害、浸水害）、洪水、暴風、暴風雪、大雪、波浪、高潮
特別警報	大雨（土砂災害、浸水害）、暴風、暴風雪、大雪、波浪、高潮

危険度の高まりに応じて段階的に発表される防災気象情報とその利活用（気象庁作成）

気象状況	気象庁などの情報				
大雨の数日～約1日前	早期注意情報 （警報級の可能性）				
大雨の半日～数時間前	大雨注意報 洪水注意報	高潮注意報	危険度分布 [*3]		
	大雨警報に切り替える可能性が高い 注意報			注意 （注意報級）	氾濫注意情報
大雨の数時間 ～2時間程度前	大雨警報 [*1] 洪水警報	高潮警報に切り替える可能性が高い 注意報		警戒 （警報級）	氾濫警戒情報
	土砂災害警戒情報	高潮警報 [*2]	高潮 特別警報	非常に危険	氾濫危険情報
				極めて危険	
数十年に一度の大雨	大雨特別警報				氾濫発生情報

*1 夜間から翌日早朝に大雨警報（土砂災害）に切り替える可能性が高い注意報は、避難準備・高齢者等避難開始（警戒レベル3）に相当する。

*2 暴風警報が発表されているときに高潮警報に切り替える可能性が高い注意報は、避難勧告（警戒レベル4）に相当する。

自治体が出す防災情報

注意報や警報が出されるときの基準となる降水量や風の強さなどの具体的な数値は、地域によってちがいます。さらに、その地域が地震で地盤がゆるんでいたり、火山の噴火で灰がつもっていたりするなど、そのときの状況によっても変わってきます。自治体（市区町村）は、気象庁の防災気象情報をふまえて、住民の避難行動を支援するために、避難勧告や避難準備・高齢者等避難開始などの防災情報を発令します。

避難するときは、指定された避難場所に必ず行くのではなく、危険度が高い川やがけなどからはなれた場所や近くのじょうぶな建物の上の階に避難するなど、そのときの状況に合わせて最も安全な行動を自分で判断する。

自分で考えて行動する

2019年からは、住民が「自らの命は自らが守る」行動をとれるように、5段階の警戒レベルをつけた防災情報が発表されるようになっています。

そのため、自分がすむ自治体から避難準備・高齢者等避難開始（警戒レベル3）や避難勧告（警戒レベル4）などが出たら、避難行動をとる必要があります。また、多くの場合で、防災気象情報は避難勧告より先に発表されます。そのため、避難が必要な警戒レベル3やレベル4にあたる防災気象情報が発表されたときは、避難勧告が出ていなくても、その場所の危険度や、川の水位などから避難を判断する必要があります。

市町村の対応	住民がとるべき行動	警戒レベル
・心構えを一段高める ・職員の連絡体制を確認	災害への心構えを高める	1
第1次防災体制 （連絡要員を配置）		2
第2次防災体制 （避難準備・高齢者等避難開始の発令を判断できる体制）	ハザードマップ（→48ページ）などで避難行動を確認	
避難準備・高齢者等避難開始 **第3次防災体制** （避難勧告の発令を判断できる体制）	土砂災害警戒区域等や急激な水位上昇のおそれがある河川沿いにすんでいる人は 避難準備ができたら、避難を開始する／高齢者などは、すぐに避難する	3
避難勧告 **第4次防災体制** （災害対策本部設置）	すぐに避難する 危険な区域の外の少しでも安全な場所にすぐに避難する	4
避難指示（緊急） ※ 緊急時又は重ねて避難を促す場合に発令　＊4	避難を完了する 道路にも水があふれていたり、土砂くずれがあったりして、 避難が難しい場合があるため、そうなる前に避難を完了しておく	
災害発生情報 ※ 可能な範囲で発令 大雨特別警報発表時は、避難勧告などの対象範囲を再度確認	危険な区域からまだ避難できていない人は 命を守るための最善の行動をとる 大雨特別警報発表時には、災害がおきないと思われているような場所でも 危険度が高まる異常事態であることをふまえて対応する。	5

＊3 雨による災害発生の危険度の高まりを地域別に示すもので、大雨警報（土砂災害）、大雨警報（浸水害）、洪水警報の危険度分布がある。

＊4 今後、「避難勧告」を廃止し、「避難指示」に一本化する方針が出されている。

ふだんから台風にそなえる

台風や大雨は、毎年やってきます。台風が近づいているときだけでなく、ふだんから台風にそなえることが重要です。

何を用意しておくとよいか

気象情報をチェックするだけでなく、台風による風水害がおこったときのことを考えて、ふだんからできることがあります。

大雨や強風などによって、水道や電気、ガスなど生活に必要なものが使えなくなってしまうかもしれません。食料品や飲み物、トイレなどに使う生活用水などは、家族の人数に合わせて数日分用意しておくことが大切です。また、避難することになったときにすぐに持ち出せるよう、必要最低限のものをまとめた非常用持ち出し袋を準備しておくとよいでしょう。

□ 携帯ラジオ　□ 懐中電灯　□乾電池　□ 携帯電話と充電器
□ 歯ブラシ　□ 携帯トイレ　□ ホイッスル　□ 現金（小銭）
□ 救急セット　□ 防寒具/毛布　□ 地図　□ 常備薬　□ 食料品
□ 水（1人1日3リットルが目安）　□ ティッシュペーパー
□ トイレットペーパー　□ ウェットティッシュ　□ ビニール袋

非常用持ち出し袋は、手を自由にしておけるようにリュックにして、避難所へ持っていくとよいものをまとめて入れておく。

自分のくらす地域を知る

自分たちがくらす場所の特徴をどれくらい知っているでしょうか。昔、湿地や川があったり、川が氾濫してできた平野だったりすると、大雨のときに水がたまりやすかったり、土砂くずれがおこりやすかったりする可能性があります。

自治体（市区町村）は、その地域にある川が氾濫した場合などにおこる浸水被害などを示した「ハザードマップ」を公開しています。ハザードマップには、河川の氾濫だけでなく、土砂くずれや津波などで被害がある範囲や、被害の程度、避難場所やそこまでの行き方などを示したものもあります。ハザードマップを見て、なるべく危険がないところを通って避難所まで行くためのルートについて、おうちの人と話しあっておきましょう。

神奈川県川崎市洪水ハザードマップ
（多摩区版）© 川崎市

48

台風のハザードマップ

　台風の被害のでかたは、台風の経路とそれぞれの地域の地形の影響を受けます。つまり、地域ごとに、台風がどのコースを通るかによって、被害の大きさが変わってきます。そこで台風博士たちは、数値シミュレーションにより、さまざまな台風経路と各地のリスクを分析し、それぞれの地点の台風コース別のリスクを示す「台風ソラグラム」という台風ハザードマップを開発しました。

　現在ではスマートフォンなどでだれでも見ることができます。ぜひ一度、自分のすんでいる街の危険な台風コースを確認しておいてください。

自分のすむ街の台風リスクを調べておこう。

台風ソラグラムの見かた

①スマートフォンで「ライフレンジャー天気」と検索し、②ライフレンジャーの左上「メニュー」アイコンから「防災・備え」の「台風ソラグラム」を選択。「ほかの地点もみる」から調べたい市区町村を選択する。

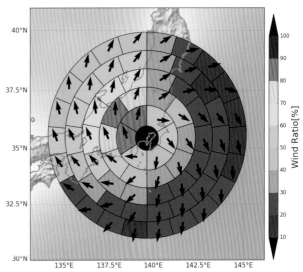

　上の図は神奈川県横浜市中区の台風ソラグラム。横浜市中区を中心にした半径500kmの円の中にあるマス目の色は、そのマス目に台風中心が入ったときに横浜市中区でどれくらい風がふくかを、台風の中心風速を100%とした百分率（%）で示している（右の目盛）。この数値が高いマス目を通る台風は、横浜市中区で強風が発生しやすく危険なコースとなる。横浜市の場合、台風が横浜市よりも東側を通過するコースに比べて、西側や北西側となる静岡県や山梨県を通過するコースで強風となる。また、マス目にある矢印はそのマス目に台風が入ったときの、横浜市中区の風向を示している。

建物被害の予測を調べよう

　台風博士たちは、台風や豪雨、地震などの自然災害で被害を受ける建物の数を予測する研究を行い、ウェブサイト「シーマップ」（cmap.devリアルタイム被害予測）を公開しています。台風による大雨や強風によって、どのくらい建物がこわれるのかを予測するものです。台風が接近してきたときには、検索サイトで「CMAP」と調べると、ホームページが出てくるので、被災建物数を確認して避難行動につなげてください。

　また、過去に大きな被害をもたらした伊勢湾台風が、もしもあなたの街にやってきたら？というシミュレーションも行っています。自分の街の建物がどれくらい被害にあうのか、調べてみてください。

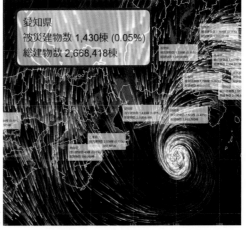

愛知県
被災建物数 1,430棟 (0.05%)
総建物数 2,668,418棟

　台風が接近してきたら、リアルタイムで被災建物数を予測して公開する。この図は令和元年台風第19号通過のときの予測結果。

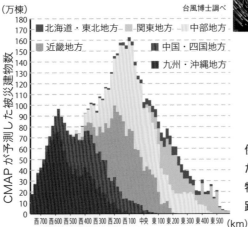

（万棟）　　　　　　　　　　　　台風博士調べ

凡例：
- 北海道・東北地方
- 関東地方
- 中部地方
- 近畿地方
- 中国・四国地方
- 九州・沖縄地方

CMAPが予測した被災建物数

西700 西600 西500 西400 西300 西200 西100 中央 東100 東200 東300 東400 東500 (km)

　伊勢湾台風が、現在の各地方に上陸したときの、地方ごとの風による被災建物数。横軸は、実際の伊勢湾台風の経路と比べて東西にずれる距離を示す。

台風が近づいたときの行動

実際に台風が近づいてきたときには、雨や風への対策をし、早めに避難するなど適切な行動をとれるようにしましょう。

風への対策をしておこう

台風が近づいてきたら、テレビやラジオなどで流れる最新の気象情報や防災情報を確認してください。そして、風が強くなる前に、自転車や植木鉢、ものほし竿など、たおれたり動いたりしそうなものを建物の中に入れ、入れられないものは飛ばされないように固定してください。

さらに、風で飛んできたものが窓にぶつかってもだいじょうぶなように、雨戸をしめたり、雨戸がなければ、窓ガラスが割れたときに破片がとびちらないよう養生テープなどを貼ったりしておくとよいでしょう。

屋根
ものほし竿
雨戸
プランター
窓ガラス
飛びそうなもの

雨への対策をしておこう

大雨によって浸水する危険性がある地域では、家にあるごみ袋を使って、水のうをつくり、浸水を少なくするようにしましょう。水のうは、ごみ袋を2重にして水を入れ、中の空気をなるべくぬいて口をしっかりしばってつくります。板などといっしょに玄関に置きます。また、トイレやふろ場、洗濯機などの排水口に置いておくと、下水があふれるのを防ぐことができます。なお、家具や家電などは高いところに移動させておくとよいでしょう。

台風が上陸するまでの時間

南の海の上で発生する台風が日本に来るまでに、どれくらい時間がかかるのでしょうか。右のグラフは、これまで日本に上陸した台風*について、発生してから上陸までにかかった日数別に個数を示したものです。これを見ると4日が一番多く、ついで5日になっています。2日という短期間で上陸する台風も多く、発生したらすぐにそなえが必要です。

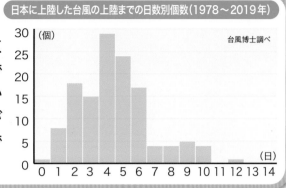

日本に上陸した台風の上陸までの日数別個数（1978～2019年）

台風博士調べ

（個）

（日）

* 上陸の定義が異なるため、気象庁の上陸数とは一致しない。

外にいるときに気をつけること

台風が近づいてきたときは、なるべく家にいて、とくに夜は外に出ないようにしてください。外がどうなっているか気になっても、海や川を見に行ったり、用水路などに近づいたりするのは危険です。

外にいるときに台風の風雨がひどくなったときは、地下には行かないでください。もし浸水すると、一気に水が流れこみ、地上ににげられなくなることがあります。エレベーターも動かなくなる可能性があるため使わないでください。

また、山などを切りくずしてつくった土地や山すそ、樹木の少ない山間部などでは土砂くずれの危険があります。そのときにいる地域に出される避難準備などの防災情報を確認してください。

危険な場所には近づかない。

地下に水が流れこんで、地上に出られなくなってしまう危険がある。

行き方をよく知らない、遠くの避難所へ移動するよりも、近くの2階建て以上のじょうぶな建物に避難するほうが安全なこともある。

家が浸水したら

家などが水につかることを浸水といい、浸水したときの深さ（地面から水面までの高さ）を浸水深といいます。浸水深が深いほど、人は歩きにくくなり、水が腰の高さをこえると、ほとんどの人が進めなくなります。

川が氾濫したとき、水の流れには勢いがあり、浸水深がひざくらいでも歩きにくくなります。さらに、道路わきの排水溝やマンホールのふたが開いていても、水がにごっていて見えません。そのため、川が氾濫する前に避難するのが原則ですが、もし避難する前にすでに浸水してしまったときには、緊急避難として、自宅の2階にとどまったり、近くの2階建て以上のじょうぶな建物に避難したりしましょう。

浸水深の目安

5m以上
5m
2.0m
1.0m
50cm

浸水深

胸
腰
ひざ

50%　100%

浸水深と大人が歩けなくなる割合

洪水ハザードマップ作成の手引き（改訂版）を参考に作図

台風の研究最前線

台風による被害を小さくするためには、台風の進路や強さについて正確な予報をすることが必要です。予報の精度を高めるために、さまざまな研究が行われています。

スーパーコンピュータで台風をシミュレーション

気象庁が天気予報に用いる「数値モデル」（→45ページ）は、コンピュータの発達とともに精度が高まっています。台風情報についても進路予報の精度は高まっていますが、台風の強度（気圧や最大風速）については、精度はあまり高まっていません。現在の「数値モデル」にはふくまれていない、台風の強度に影響をあたえる物理現象がほかにあるのではないかと考えられていますが、それが何かまだわかっていないのです。そこで、スーパーコンピュータを使って、台風の詳細構造を再現し、そのメカニズムを解明しようという研究が行われています。こうした成果が天気予報にいかされるようになれば、台風の強度予報がもっと正確になると期待されています。

スーパーコンピュータ「京」による全球シミュレーション。

地球温暖化で台風はどうなる？

地球温暖化が進むと、台風やハリケーンなどの熱帯低気圧の発生数は、世界全体では少なくなる可能性が高いです。しかし、発生した場合は発達しやすくなります。

こうした傾向が、世界の海域ごとでどうちがうのか、といったことについても研究が行われています。

スーパーコンピュータを使った地球温暖化気候シミュレーション実験では、温暖化が最悪のシナリオで進行した場合、2100年（平均気温が産業革命以降4℃上昇）には、全世界での熱帯低気圧の発生数は3割ほど少なくなるものの、日本の南海上からハ

（一財）気象業務支援センター、気象庁気象研究所資料

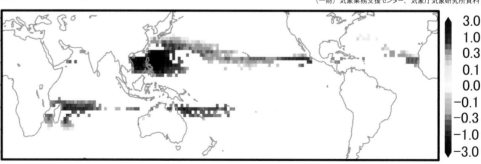

	3.0
	1.0
	0.3
	0.1
	0.0
	-0.1
	-0.3
	-1.0
	-3.0

猛烈な熱帯低気圧（台風）が存在する頻度の将来変化。数は10年あたりの個数で、赤色の領域で増加している。

ワイ付近、メキシコの西海上にかけて、猛烈な熱帯低気圧（最大地表風速59m/s以上）が発生する回数が増える可能性が高いことがわかりました。また、日本がある中緯度を通過する熱帯低気圧の移動速度が10％遅くなることが予測されています。これは台風の影響を受ける時間が長くなることを意味します。

温度と湿度センサー

航空機観測で使用するドロップゾンデ本体。名古屋大学と明星電気株式会社で開発したもので、本体は生分解性素材でできている。

台風の航空機観測で使用するジェット機、ガルフストリームⅡ。

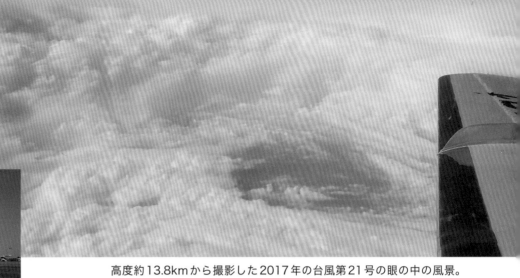

高度約13.8kmから撮影した2017年の台風第21号の眼の中の風景。
正面は切り立つ壁雲、その手前が眼で、下の青緑色の海が見えている。

台風を飛行機から直接観測

　気象庁が発表する台風の気圧や風速などは、気象衛星「ひまわり」の雲画像をもとに、ドボラック法（→44ページ）という方法で算出しています。台風を直接観測しているわけではないのです。実は1987年まではアメリカ軍が、飛行機で台風の中を飛び、ドロップゾンデという気象観測装置で観測していましたが、危険で費用もかかるため、行われなくなっていました。

　この直接観測が、2017年10月に名古屋大学を中心にしたチームによって30年ぶりに行われました。台風第21号の上空から投下されたドロップゾンデは、海上に着く15分程度の間に、気圧・気温・湿度・風向・風速のデータを送ってきました。この直接観測で収集したデータを予報にとりこむことで、台風の強度予報の精度を高められると期待されています。

台風は箱の中で育つ？

　台風は長生きの自然現象ですが、その発達をさまたげる環境が生じるため、いずれは消滅します（→32ページ）。もし仮に、発達をさまたげる環境が生じなければ、台風は生き続けるのでしょうか。台風博士たちは、コンピュータを使って箱の中で台風を発生させ、一方で水蒸気量の減少など台風を弱らせる環境要因を発生させないシミュレーションをしました。すると、台風はいつまでも生き続けることがわかりました。実際の台風は北上とともに大陸などに上陸することで弱まりますが、ずっと海上にいるとしたら、生き続けるかもしれません。

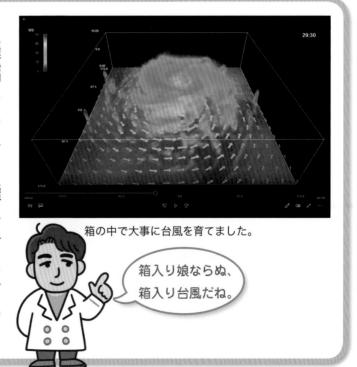

箱の中で大事に台風を育てました。

箱入り娘ならぬ、箱入り台風だね。

台風について学べるウェブサイト

台風についてもっと知りたいときに役立つインターネットのウェブサイトを紹介します。パソコンやスマホで検索して見てみましょう。

気象庁

https://www.jma.go.jp/

「各種データ・資料」の「過去の台風資料」で、これまでの台風の経路図や台風に関するさまざまな統計資料を見ることができる。また「知識・解説」の「台風」では、台風に関する基礎知識を紹介している。

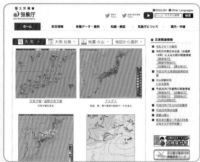

提供：気象庁

デジタル台風

http://agora.ex.nii.ac.jp/digital-typhoon/

国立情報学研究所の北本朝展氏の研究室が作成した台風情報のデータベースで、過去の台風の経路図や気象衛星の台風画像を検索して見ることができる。

JAXA/EORC 台風データベース

https://sharaku.eorc.jaxa.jp/TYP_DB/index_j.html

さまざまな観測衛星で得た情報のうち、台風（ハリケーン、サイクロンもふくむ熱帯低気圧全般）に関する部分を集めている。経路図や降水量、雲画像など、さまざまな画像や動画を見ることができる。

提供：宇宙航空研究開発機構（JAXA）

千葉大学 環境リモートセンシング研究センター

http://www.cr.chiba-u.jp/japanese/

気象衛星「ひまわり8号」の画像をYoutubeで配信している。「データベース」のコーナーで過去の台風の衛星動画を見ることができる。

九州大学 台風情報データベース

http://fujin.geo.kyushu-u.ac.jp/typhoon/

北西太平洋で発生・発達する熱帯低気圧（台風）に関する気象・災害情報を提供する。発生位置・移動経路・中心気圧・最大発達率、関連した災害などのさまざまな情報が見られる。

防災科学技術研究所
台風災害データベースシステム

https://tydb.bosai.go.jp/TYDB/index.html

1951年以降に日本で発生した台風による災害や被害の情報をデータベースにしている。

Storm Tracks WebGL Too

https://callumprentice.github.io/apps/storm_tracks_webgl_too/

1850年から現在までの、台風やハリケーン、サイクロンといったすべての熱帯低気圧の経路を見ることができる。すべて英語のホームページ。

台風発生環境場モニタリング「ロボラック」

http://www.fudeyasu.ynu.ac.jp/typhoon/

台風博士たちが開発した、AI（人工知能）を用いた日々の台風の検出と、台風発生環境場（→26ページ）をリアルタイムで確認できる。

台風ハザードマップ

http://www.fudeyasu.ynu.ac.jp/risk/

台風博士たちが開発した、台風ソラグラムとCMAPによる建物被害予測を市区町村別に提供している。

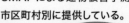
横浜国立大学気象学研究室もよろしくね。

さくいん

55

●編著者紹介

筆保 弘徳（ふでやす ひろのり）横浜国立大学教育学部 教授

岩手県生まれ、岡山育ち。2003年京都大学大学院理学研究科博士課程修了。理学博士・気象予報士。専門は気象学、特に台風。東京学芸大学大学院連合学校教育学研究科非常勤講師。2020年地球環境大賞を受賞。『台風についてわかっていることいないこと』（共著、ベレ出版）、『世界気象カレンダー2020』（共著、日本プロセス）、『台風の正体』（共著、朝倉書店）、『気象の図鑑』（監修・著、技術評論社）、『こちら、横浜国大「そらの研究室」！天気と気象の特別授業』（共著、三笠書房）、『天気のヒミツがめちゃくちゃわかる! 気象キャラクター図鑑』（監修、日本図書センター）など編著・監修多数。

【画像提供 ・ 協力者一覧 】

宇宙航空研究開発機構（JAXA）／川崎市建設緑政局道路河川整備部河川課／気象庁／国土交通省関東地方整備局常陸河川国道事務所／国土交通省木曽川下流河川事務所／国土交通省近畿地方整備局／国土交通省北陸地方整備局／国立公文書館／国立国会図書館／東京消防庁 玉川消防署／東京電力パワーグリッド株式会社／独立行政法人水資源機構 池田総合管理所／豊橋市／富士宮市／防災科学技術研究所／有限会社落ちないりんご／NASA／NOAA／PIXTA／坪木和久（名古屋大学宇宙地球環境研究所）／清原康友（気象予報士）／吉田龍二（NOAA）／宮本佳明（慶應義塾大学）／吉田康平（気象研究所）／清島有姫（株式会社エムティーアイ）／多嘉良朝恭（あいおいニッセイ同和損害保険株式会社）／坪能和宏（エーオングループジャパン株式会社）／権田紗希・蔭山明日香・鈴木創太（横浜国立大学）

【参考文献】

『台風の正体』（朝倉書店）、『台風についてわかっていることいないこと』『天気と気象についてわかっていることいないこと』（以上ベレ出版）、『気象の図鑑』（技術評論社）、『これは異常気象なのか？〈2〉台風・竜巻・豪雨』（岩崎書店）、『台風のついせき 竜巻のついきゅう』（小峰書店）、『図解 台風の科学』（講談社）、『1℃の気づき』『サイエンスウィンドウ』2014 夏号 pp.4-23（科学技術振興機構）

※その他、各種文献、各専門機関のホームページを参考にさせていただきました。

【写真クレジット】

（表紙・カバー）NASA Earth Observatory image by Lauren Dauphin, using VIIRS data from the Suomi National Polar-orbiting Partnership. Caption by Kasha Patel./東京電力パワーグリッド株式会社

（ 本 扉 ）NASA Earth Observatory image by Lauren Dauphin, using VIIRS data from the Suomi National Polar-orbiting Partnership. Caption by Kasha Patel.

（ 3 章 扉 ）国土交通省北陸地方整備局

┃イラスト┃ ふるやまなつみ、酒井真由美、梅田紀代志、ハユマ

┃装幀・本文デザイン┃ 柳平和士

┃編集・構成┃ ハユマ（原口結、近藤哲生）

台風の大研究
最強の大気現象のひみつをさぐろう

2020年9月29日　第1版第1刷発行
2021年3月4日　第1版第3刷発行

[編著者] 筆保弘徳

[発行者] 後藤淳一

[発行所] 株式会社PHP研究所

東京本部　〒135-8137　江東区豊洲5-6-52

児童書出版部 ☎03-3520-9635（編集）

普及部 ☎03-3520-9630（販売）

京都本部　〒601-8411　京都市南区西九条北ノ内町11

PHP INTERFACE　https://www.php.co.jp/

[印刷所] 図書印刷株式会社
[製本所] 図書印刷株式会社

（台風委員会が決めた台風のアジア名一覧　つづき）

	提案元	呼び名	意味
71	カンボジア	Maysak（メイサーク）	木の名前
72	中国 *	Haishen（ハイシェン）	海神
73	北朝鮮 **	Noul（ノウル）	夕焼け
74	香港	Dolphin（ドルフィン）	白イルカ。香港を代表する動物の一つ。
75	日本	Kujira（クジラ）	くじら座、鯨
76	ラオス	Chan-hom（チャンホン）	木の名前
77	マカオ	Linfa（リンファ）	ハス（植物）
78	マレーシア	Nangka（ナンカー）	果物の名前
79	ミクロネシア	Saudel（ソウデル）	伝説上の首長の護衛兵
80	フィリピン	Molave（モラヴェ）	木の名前
81	韓国	Goni（コーニー）	ハクチョウ（鳥）
82	タイ	Atsani（アッサニー）	雷
83	米国	Etau（アータウ）	嵐雲
84	ベトナム	Vamco（ヴァムコー）	ベトナム南部の川の名前
85	カンボジア	Krovanh（クロヴァン）	木の名前
86	中国	Dujuan（ドゥージェン）	ツツジ（植物）
87	北朝鮮	Surigae（スリゲ）	ワシ（鳥）
88	香港	Choi-wan（チョーイワン）	彩雲
89	日本	Koguma（コグマ）	こぐま座、小熊
90	ラオス	Champi（チャンパー）	赤いジャスミン
91	マカオ	In-fa（インファ）	花火
92	マレーシア	Cempaka（チャンパカ）	ハーブの名前
93	ミクロネシア	Nepartak（ニパルタック）	有名な戦士の名前
94	フィリピン	Lupit（ルピート）	冷酷な
95	韓国	Mirinae（ミリネ）	天の川
96	タイ	Nida（ニーダ）	女性の名前
97	米国	Omais（オーマイス）	徘徊
98	ベトナム	Conson（コンソン）	歴史的な観光地の名前
99	カンボジア	Chanthu（チャンスー）	花の名前
100	中国	Dianmu（ディアンムー）	雷の母
101	北朝鮮	Mindulle（ミンドゥル）	タンポポ（植物）
102	香港	Lionrock（ライオンロック）	山の名前
103	日本	Kompasu（コンパス）	コンパス座、円（弧）を描くための器具
104	ラオス	Namtheun（ナムセーウン）	川の名前
105	マカオ	Malou（マーロウ）	瑪瑙（鉱物）

	提案元	呼び名	意味
106	マレーシア	Nyatoh（ニャトー）	木の名前
107	ミクロネシア	Rai（ライ）	ヤップ島の石の貨幣
108	フィリピン	Malakas（マラカス）	強い
109	韓国	Megi（メーギー）	ナマズ（魚）
110	タイ	Chaba（チャバ）	ハイビスカス（植物）
111	米国	Aere（アイレー）	嵐
112	ベトナム	Songda（ソングダー）	北西ベトナムにある川の名前
113	カンボジア	Trases（トローセス）	キツツキ（鳥）
114	中国	Mulan（ムーラン）	花の名前
115	北朝鮮	Meari（メアリー）	やまびこ
116	香港	Ma-on（マーゴン）	山の名前（馬の鞍）
117	日本	Tokage（トカゲ）	とかげ座、蜥蜴
118	ラオス	Hinnamnor（ヒンナムノー）	国立保護区の名前
119	マカオ	Muifa（ムイファー）	梅の花
120	マレーシア	Merbok（マールボック）	鳥の名前
121	ミクロネシア	Nanmadol（ナンマドル）	有名な遺跡の名前
122	フィリピン	Talas（タラス）	鋭さ
123	韓国	Noru（ノルー）	ノロジカ（動物）
124	タイ	Kulap（クラープ）	バラ（植物）
125	米国	Roke（ロウキー）	男性の名前
126	ベトナム	Sonca（ソンカー）	さえずる鳥
127	カンボジア	Nesat（ネサット）	漁師
128	中国	Haitang（ハイタン）	カイドウ（植物）
129	北朝鮮	Nalgae（ナルガエ）	つばさ
130	香港	Banyan（バンヤン）	木の名前
131	日本	Yamaneko（ヤマネコ）	やまねこ座、山野にすむ猫
132	ラオス	Pakhar（パカー）	淡水魚の名前
133	マカオ	Sanvu（サンヴー）	サンゴ
134	マレーシア	Mawar（マーワー）	バラ（植物）
135	ミクロネシア	Guchol（グチョル）	ウコン（植物）
136	フィリピン	Talim（タリム）	鋭い刃先
137	韓国	Doksuri（トクスリ）	ワシ（鳥）
138	タイ	Khanun（カーヌン）	果物の名前、パラミツ
139	米国	Lan（ラン）	嵐
140	ベトナム	Saola（サオラー）	ベトナムレイヨウ

＊ 中華人民共和国　＊＊ 朝鮮民主主義人民共和国